Classificação da aptidão agrícola das terras

Paulo Schneider

Elvio Giasson

Egon Klamt

Classificação da aptidão agrícola das terras

Um Sistema Alternativo

Departamento de Solos
Faculdade de Agronomia
Universidade Federal do Rio Grande do Sul – UFRGS

agro livros

2007

(Catalogação na publicação – Mariléa Pinheiro Fabião – CRB/10/161)

S359c Schneider, Paulo
Classificação da aptidão agrícola das terras : um sistema alternativo / por Paulo Schneider, Elvio Giasson e Egon Klamt. - Guaíba : Agrolivros, 2007.
72 p. : il.

1. Solo. 2. Classsificação do Solo. 3. Aptidão Agrícola. I. Título. II. Giasson, Elvio. III. Klamt, Egon.

CDU 631.44

Referência:
SCHNEIDER, Paulo; GIASSON, Elvio; KLAMT, Egon. **Classificação da aptidão agrícola das terras**: um sistema alternativo. Guaíba: Agrolivros, 2007. 72 p.
1ª reimpressão: 2012.

Edição:
AGROLIVROS – Edição e Comércio de Livros Ltda.
Rua Bruno Cornerlato, 183 – Engenho
92500-000 – Guaíba – RS
Fone/Fax: (51) 3403-1155
www.agrolivros.com.br

Apoio:
Grupo Gerdau / Universidade Solidária

Capa:
Exclamação Produção Gráfica Ltda.
www.exclamaonline.com.br
contato@exclamaonline.com.br

Projeto gráfico, editoração eletrônica e revisão:
http://www.comtextoeditoracao.com.br
smirna@terra.com.br

Impressão:
Editora Evangraf Ltda.
evangraf.adm@terra.com.br

Exemplares desta obra podem ser adquiridos junto à Agrolivros ou diretamente com os autores pelo e-mail: giasson@ufrgs.br – Fone: (51) 3308-7461.

Os Autores

Paulo Schneider

Possui graduação em Agronomia pela Universidade Federal do Rio Grande do Sul (1965), especialização em Fotointerpretação para Levantamento de Recursos Naturais pelo CEPERN/Rio de Janeiro (1967) e mestrado em Ciência do Solo pela Universidade Federal do Rio Grande do Sul (1977). É professor aposentado da Universidade Federal do Rio Grande do Sul (1997). Foi consultor do IICA em convênios com a Secretaria da Agricultura e Abastecimento/RS e Gabinete Extraordinário de Reforma Agrária e Cooperativismo/RS de 2000 a 2006. Tem experiência na área de Ciência do Solo, com ênfase em pedologia e atuando principalmente nas áreas de levantamento de solos, avaliação da aptidão de uso e planejamento de uso da terra.

Elvio Giasson

Possui graduação em Agronomia pela Universidade Federal do Rio Grande do Sul (1988), especialização em Drenagem Agrícola pela Universidade Federal do Rio Grande do Sul (1989), mestrado em Ciência do Solo pela Universidade Federal do Rio Grande do Sul (1992) e doutorado em Soil Science (2002) pela Cornell University (Ithaca, NY). Atualmente é Professor Adjunto da Universidade Federal do Rio Grande do Sul. Tem experiência na área de Ciência do Solo, com ênfase na área de pedologia, atuando principalmente nas áreas de planejamento de uso da terra, mapeamento digital de solos e sistemas de informações geográficas.

Egon Klamt

Possui graduação em Agronomia pela Universidade Federal do Rio Grande do Sul (1966), mestrado em Ciência do Solo pela Universidade Federal do Rio Grande do Sul (1969), doutorado em Soil Science (1973) pela University of Wisconsin (Madison, WI) e pós-doutorado pelo International Soil Reference and Information Center (1985) (Wageningen, Holanda). É Professor Titular aposentado do Departamento de Solos da UFRGS. Foi Professor Titular Visitante do Centro de Ciências Rurais da Universidade Federal de Santa Maria e consultor do IICA em convênios com a Secretaria da Agricultura Pecuária e Abastecimento e Gabinete Extraordinário de Reforma Agrária e Cooperativismo do Estado do Rio Grande do Sul. Tem experiência na área de Agronomia, com ênfase em Gênese, Morfologia e Classificação dos Solos, atuando principalmente nos seguintes temas: gênese, química, composição do solo, classificação de solos, características e levantamento de solos e avaliação da aptidão de uso das terras.

Prefácio

O uso das terras agrícolas sem um planejamento adequado tem gerado conseqüências ambientais negativas e insuficiente sustentabilidade econômica de empreendimentos agrícolas. A avaliação da aptidão agrícola das terras fornece uma base racional de informações para o planejamento e tomada de decisões na atividade agrícola em propriedades rurais baseada nas relações entre a qualidade da terra e o uso da terra.

Embora existam sistemas formais de avaliação da aptidão agrícola das terras, muitas vezes esses sistemas não apresentam uma metodologia clara e objetiva para áreas específicas e para a escala de planejamento necessária, o que dificulta a sua utilização.

A presente publicação apresenta uma metodologia simplificada de avaliação da aptidão agrícola das terras, adaptável a diferentes situações e necessidades, elaborada e testada nas atividades de pesquisa e de ensino em disciplinas relacionadas com mapeamento de solos, avaliação de terras e planejamento agrícola de propriedades rurais, realizadas no Departamento de Solos e no Programa de Pós-Graduação em Ciência do Solo da Faculdade de Agronomia da UFRGS.

Os autores

O agradecimento dos autores pelo incentivo e financiamento proporcionados pela Faculdade de Agronomia da UFRGS e Departamento de Solos por meio do Projeto Agricultura Familiar, apoiado pelo Grupo Gerdau/Universidade Solidária.

Sumário

Lista de Figuras

Lista de Tabelas

Introdução

A sustentabilidade da produção agrícola depende da adoção de dois princípios básicos: o uso das terras de acordo com a sua aptidão agrícola e a adoção de práticas de cultivo e conservação do solo que permitam corrigir as limitações e favoreçam a produtividade das terras.

Uma etapa básica no planejamento conservacionista de propriedades rurais ou de áreas maiores, tais como microbacias hidrográficas, municípios ou regiões, é a classificação da aptidão agrícola das terras. Essa classificação é baseada na interpretação das características das terras e agrupa as diferentes glebas em classes de aptidão de uso agrícola. Para cada classe, é indicado o tipo de exploração mais adequado, bem como as práticas de manejo e conservação do solo necessárias para a manutenção ou elevação da produtividade agrícola, sem causar degradação do solo e do ambiente.

Existem diversos sistemas formais usados para a classificação das terras quanto ao seu potencial de uso agrícola, sendo os mais difundidos no Brasil o Sistema de Classificação da Capacidade de Uso das Terras, proposto por Klingebiel e Montgomery (1961), também conhecido como "Sistema Americano", e o Sistema de Avaliação da Aptidão Agrícola das Terras, ou "Sistema Brasileiro", desenvolvido por Ramalho Filho e Beek (1995). Ambos têm certos pré-requisitos que podem limitar a sua aplicação.

O Sistema de Classificação da Capacidade de Uso das Terras pressupõe a existência de relatórios de levantamentos detalhados de solos, em que as unidades de mapeamento são suficientemente homogêneas para diferenciar as glebas de uma propriedade rural em classes, subclasses ou unidades de capacidade de uso, sendo, portanto, adequado para planejamentos em nível de propriedade rural. Além disso, esse sistema pressupõe o uso de um nível tecnológico avançado pelos agricultores, em que as práticas de cultivo baseiam-se em motomecanização. Esse aspecto restringe sua ampla utilização no Brasil, uma vez que ocorrem regiões com agricultura intensiva mesmo onde a motomecanização é dificultada ou impedida. É o caso das encostas basálticas no Rio Grande do Sul e Santa Catarina, onde algumas terras, com bom potencial para culturas anuais e intensamente cultivadas com o uso de tração animal devido à presença de pedregosidade e relevo irregular, têm sua capacidade de uso subestimada quando avaliadas nesse sistema.

Outra limitação no uso desse sistema resulta da necessidade de se dispor de informações sobre a produtividade das culturas sob diferentes manejos para a classificação das terras na categoria mais baixa do sistema (unidade de capacidade de uso). Essas informações normalmente não estão disponíveis em nosso meio. Mesmo assim, com adaptações, esse sistema vem sendo utilizado no Brasil para a classificação de terras até o nível de subclasse de capacidade de uso e usado como base para planejamentos conservacionistas.

Outras limitações do sistema, conforme Klamt (1978), referem-se à falta de informações sobre certos parâmetros utilizados para a definição das unidades de capacidade de uso, como dados de produções das principais culturas e definição exata das condições de manejo em que essas produções são obtidas. Além disso, os problemas relacionados à erosão do solo são enfatizados sem se considerar detalhadamente as limitações quanto à fertilidade natural dos solos, que é grave problema nas regiões em desenvolvimento.

Por sua vez, o Sistema de Avaliação da Aptidão Agrícola das Terras foi desenvolvido para a interpretação dos dados obtidos em levantamentos de reconhecimento e exploratório de solos, executados no Brasil pelo Centro Nacional de Pesquisa de Solos da Embrapa (CNPS/EMBRAPA), visando a indicar a potencialidade agrícola das terras abrangidas pelas unidades de mapeamento de solos. Esse sistema tem o mérito de considerar diferentes níveis tecnológicos na produção agrícola, conforme a realidade brasileira. No entanto, não são indicadas práticas de manejo para os diferentes tipos de utilização, requerendo adaptações para seu uso no planejamento conservacionista de propriedades rurais ou de microbacias. É um sistema mais adequado para planejamentos regionais ou de áreas maiores.

Esses dois sistemas podem ser considerados como sistemas formais, por serem amplamente divulgados e adotados em diferentes regiões, utilizando conceitos e notações padronizadas. Todavia, a aptidão agrícola das terras pode ser estabelecida por técnicos utilizando conceitos e organização próprios, adaptados às condições de cada área que está sendo avaliada. Esses procedimentos, que são válidos somente para as situações específicas para as quais são desenvolvidos, podem constituir sistemas alternativos de classificação da aptidão de uso das terras. Alguns exemplos desses sistemas estão listados na Tabela 1.

Com base na experiência adquirida na aplicação desses sistemas alternativos, foi desenvolvida uma metodologia de avaliação da aptidão de uso agrícola das terras com a utilização de quadros-guias, que é apresentada no Capítulo 2. No próximo capítulo (Capítulo 1) são discutidos alguns fundamentos importantes na classificação da aptidão agrícola das terras.

Tabela 1: Locais para os quais foram desenvolvidos sistemas alternativos de avaliação da aptidão de uso das terras

Local	Projeto	Autores
Planalto Médio, RS	Projeto Integrado de Uso e Conservação do Solo – PIUCS	Wünsche et al. (1980)
Encostas Basálticas, RS	Projeto Saraquá	Klamt e Stammel (1983)
Microbacia do Arroio Atafona (Santo Ângelo, RS)	Dissertação de mestrado	Streck (1992)
Microbacia do Rio Armazém (Urussanga, SC)	Dissertação de mestrado	Neubert (1995)
Assentamento Capela (Nova Santa Rita, RS)	Dissertação de mestrado	Hesseln (1997)

1

Fundamentos da classificação da aptidão agrícola das terras

1.1 Características e tipos de limitações consideradas

Para classificar as terras quanto à sua aptidão agrícola, são consideradas diversas características que influem na resposta das terras às práticas agrícolas. As principais características consideradas são as do solo e as ambientais como relevo e clima, além de aspectos relacionados com a legislação ambiental, conforme considerados no sistema proposto. Embora aspectos econômicos não sejam incluídos na avaliação da aptidão agrícola das terras por serem muito dinâmicos, esses devem ser considerados posteriormente no planejamento da propriedade.

A interpretação e avaliação das características da terra permitem estabelecer os graus de limitação ao uso agrícola que cada uma representa. Segundo sua natureza, essas limitações podem ser agrupadas nos seguintes tipos:

- **Limitações que impedem ou dificultam a execução das práticas agrícolas**: declividade acentuada, pequena profundidade efetiva do solo, presença de sulcos de erosão ou voçorocas, pedregosidade, presença de argilas expansivas que determinam consistência inadequada, má drenagem etc.
- **Limitações que aumentam os riscos de degradação do solo**: declividade acentuada, variação abrupta da textura com aumento da proporção de argila do horizonte superficial para os

horizontes subsuperficiais, textura inapropriada nos horizontes superficiais (arenosa, franca ou siltosa) associada com declive acentuado, estrutura fraca, má drenagem associada à alta plasticidade, alta dispersibilidade das argilas etc.

- **Limitações que comprometem a produtividade das culturas**: pequena profundidade efetiva do solo, deficiência de ar (drenagem insuficiente), deficiência de água, baixa capacidade de troca de cátions, excesso de elementos tóxicos, alta resistência à penetração das raízes etc.
- **Limitações devido à legislação ambiental que impedem a exploração agro-silvo-pastoril**: áreas de preservação permanente.

Uma mesma característica da terra pode ser considerada na avaliação de diferentes tipos de limitações. Por exemplo, a declividade acentuada, ao mesmo tempo que dificulta a execução de práticas agrícolas restringindo o tráfego de máquinas, também aumenta os riscos de erosão e de degradação dos solos. Na classificação da aptidão das terras, são consideradas exclusivamente as características limitantes da terra que têm caráter permanente. Elas representam limitações não-corrigíveis ou cuja correção é tão difícil que o agricultor não pode adotá-la (por exemplo, declividade acentuada, presença de pedras não removíveis, baixa profundidade efetiva do solo, textura arenosa, presença de gradiente textural abrupto, caráter endoálico, risco de inundação etc.). Limitações facilmente corrigíveis não são consideradas.

Uma vez quantificados os graus de limitação das diversas características limitantes das terras, procede-se à classificação da aptidão de uso das mesmas. Todos os sistemas de avaliação da aptidão ou capacidade de uso agrícola das terras seguem o princípio básico contido na Figura 1, assim expresso: à medida que aumentam os graus das limitações da terra, diminui a intensidade do uso agrícola possível e aumentam a intensidade e a complexidade das práticas conservacionistas necessárias para uma produção agrícola rentável e sustentável.

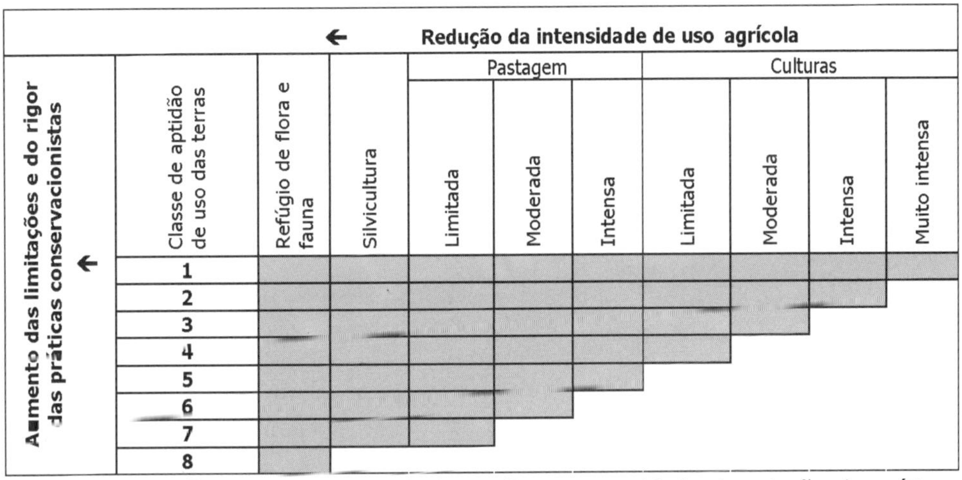

Figura 1: Relação entre os graus de limitação e necessidade de adoção de práticas conservacionistas e a possibilidade de uso agrícola das terras.

1.2 Informações básicas necessárias

A avaliação das características da terra e a identificação das suas limitações ao uso agrícola podem ser feitas a partir da interpretação de informações constantes em relatórios de levantamentos de solos. Entretanto, no Brasil, os levantamentos de solos disponíveis geralmente possuem escalas muito pequenas (1:500.000 ou menores), que são inadequadas para servirem de base para planejamentos conservacionistas em nível de propriedades rurais ou de microbacias hidrográficas. Para esses casos, são necessários levantamentos detalhados ou semidetalhados de solos, em escalas maiores que 1:10.000 e 1:20.000, respectivamente.

Para contornar a deficiência de informações sobre a distribuição dos solos, pode-se executar um levantamento simplificado das características da terra, em que se busca identificar e mapear somente as características da terra que possam impor limitações ao uso agrícola. As principais características consideradas nesses levantamentos são:

- Declividade;
- Pedregosidade;
- Grau de degradação;
- Complexidade do terreno;
- Drenagem;
- Risco de inundação;
- Profundidade efetiva;
- Textura;
- Consistência inadequada;
- Limitações químicas em horizontes subsuperficiais.

Um exemplo desse tipo de metodologia de levantamento simplificado é encontrado no *Manual para Levantamento Utilitário do Meio Físico e Classificação da Capacidade de Uso das Terras* (LEPSCH et al., 1991).

1.3 Bases cartográficas

No processo de avaliação das terras de uma determinada área é indispensável a obtenção e organização de uma base cartográfica que possibilite mapear as classes e subclasses de aptidão de uso das terras. Essa base cartográfica pode ser constituída de fotografias aéreas, mapas planialtiméricos ou croquis.

a) Fotografias aéreas

A melhor base cartográfica para os objetivos propostos são as fotografias aéreas. Entretanto, essas fotografias devem atender a exigências mínimas quanto à sua escala e atualidade.

Escala das fotografias aéreas

A menor área que pode ser delineada de forma legível (*Delineamento Mínimo Legível, DML*) em um mapa ou foto aérea é uma área de 0,4 cm^2, o que corresponde a um quadrado com lado (ℓ) de 0,63 cm. Convencionando-se que, para a avaliação e o mapeamento da aptidão de uso das terras em nível de propriedade rural, a menor dimensão medida no terreno (L) que pode ser mapeada (*Dimensão Mínima Mapeável, DMM*) é de 30 m, conclui-se que o denominador (D) da escala (E=1/D) que relaciona ℓ e L é:

$$E = \frac{1}{D} = \frac{\ell}{L} \qquad D = \frac{L}{\ell} \qquad D = \frac{3.000\ \text{cm}}{0{,}63\ \text{cm}} = 4.762$$

Portanto, para esse nível de mapeamento, a escala ideal para a base cartográfica é igual ou maior que 1:4.762 ou aproximadamente 1:5.000.

Para avaliação e mapeamento da aptidão de uso das terras em áreas maiores, como microbacias hidrográficas, a DMM pode ser ampliada para 60 m, o que corresponde a uma escala aproximada recomendável igual ou maior que 1:10.000 para a base cartográfica. Para evitar confusões relativas à magnitude comparativa de escalas, convém relembrar que quanto maior o seu denominador menor é a escala (por exemplo, a escala 1:750.000 é menor que a escala 1:10.000).

No Rio Grande do Sul, normalmente, a disponibilidade de fotografias aéreas em escalas grandes (1:5.000 a 1:10.000) restringe-se a áreas correspondentes a faixas de terra que abrangem traçados de rodovias mais recentes (obtidas pelo DAER), áreas abrangidas pela bacia de captação de barragens hidrelétricas e áreas metropolitanas como a Grande Porto Alegre e alguns outros municípios. Recobrimentos aerofotográficos sistemáticos de todo o Estado só existem nas escalas 1:60.000, obtidos entre 1963 e 1965, e 1:100.000, obtidos em 1976. Existem ainda fotografias aéreas mais atualizadas obtidas em 1995/1996 na escala de 1:60.000, porém essas cobrem somente a parte do Estado localizada a Oeste do meridiano 52°30'. A realização de vôos para a obtenção de fotografias aéreas atualizadas e em escala adequada a diversos propósitos é dispendiosa e, geralmente, bancada por instituições públicas, o que não vem ocorrendo nos últimos anos.

A ampliação de fotografias aéreas é uma alternativa para a obtenção de bases cartográficas em escala adequada a partir de fotografias existentes em escalas pequenas, como 1:60.000 e 1:100.000. Pares de fotografias aéreas ampliadas permitem a visão estereoscópica desde que a ampliação seja feita dentro de certos limites. Esta ampliação pode ser feita por métodos fotográficos ou por processamento digital. Pelo método fotográfico as fotografias aéreas ou parte delas que abrangem a área de interesse são fotografadas e ampliadas. Assim, fotografias com escala de 1:60.000 podem ser ampliadas até 1:10.000 com resultados satisfatórios. Cabe destacar que esse processo é dispendioso.

Pelo processamento digital, que é menos dispendioso, as fotografias aéreas são escaneadas com resolução igual ou maior que 600 dpi e as áreas de interesse recortadas, ampliadas e impressas em 900 dpi ou mais, usando esquema de cores RGB, que permite a obtenção de imagens de melhor qualidade. Quando esse processo é utilizado, são obtidas imagens com nitidez satisfatória ampliando-se as fotografias no máximo 3 vezes, da escala de 1:60.000 para a escala de 1:20.000, desde que para a impressão sejam utilizados papel de qualidade fotográfica e impressoras de alta qualidade. A Figura 2 mostra a identificação, sobre um par fotográfico estereoscópico com escala pequena, da área de interesse abrangendo um imóvel rural a ser avaliado, e os pares estereoscópicos resultantes após ampliação em 3 vezes. Os resultados da ampliação serão satisfatórios somente se as fotografias originais apresentarem imagem nítida e contrastante e se as partes a serem ampliadas situarem-se no centro ou próximas do centro das fotos. As áreas das fotografias situadas perto das bordas podem apresentar distorções significativas, principalmente quando recobrirem terrenos com relevo muito acentuado, que podem ser atenuadas pelo georeferenciamento das fotos obtidas. Cópias e ampliações reprográficas (xerox), mesmo utilizando equipamentos de alta resolução como os utilizados para cópias coloridas, não apresentam nitidez adequada para a estereoscopia. Entretanto, são uma base cartográfica de baixo custo e viável para mapeamento direto no campo.

Atualidade das fotografias aéreas

As fotografias aéreas somente são atuais no momento de sua obtenção. A partir daí, devido a modificações que ocorrem no terreno, sejam naturais ou causadas pela ação humana, as fotografias começam a se desatualizar. Essas desatualizações aumentam com o tempo, notadamente onde a atividade antrópica é mais intensa. Assim, podem ocorrer mudanças no traçado de estradas, nos limites de lavouras ou de propriedades, nos tipos de uso das terras ou outras mudanças que dificultam a locação de pontos e a identificação de limites do terreno nas fotografias, diminuindo assim a precisão dos mapeamentos.

PAR ESTEREOSCÓPICO ORIGINAL COM ESCALA PEQUENA

FOTO ORIGINAL A

FOTO ORIGINAL B
(Base cartográfica)

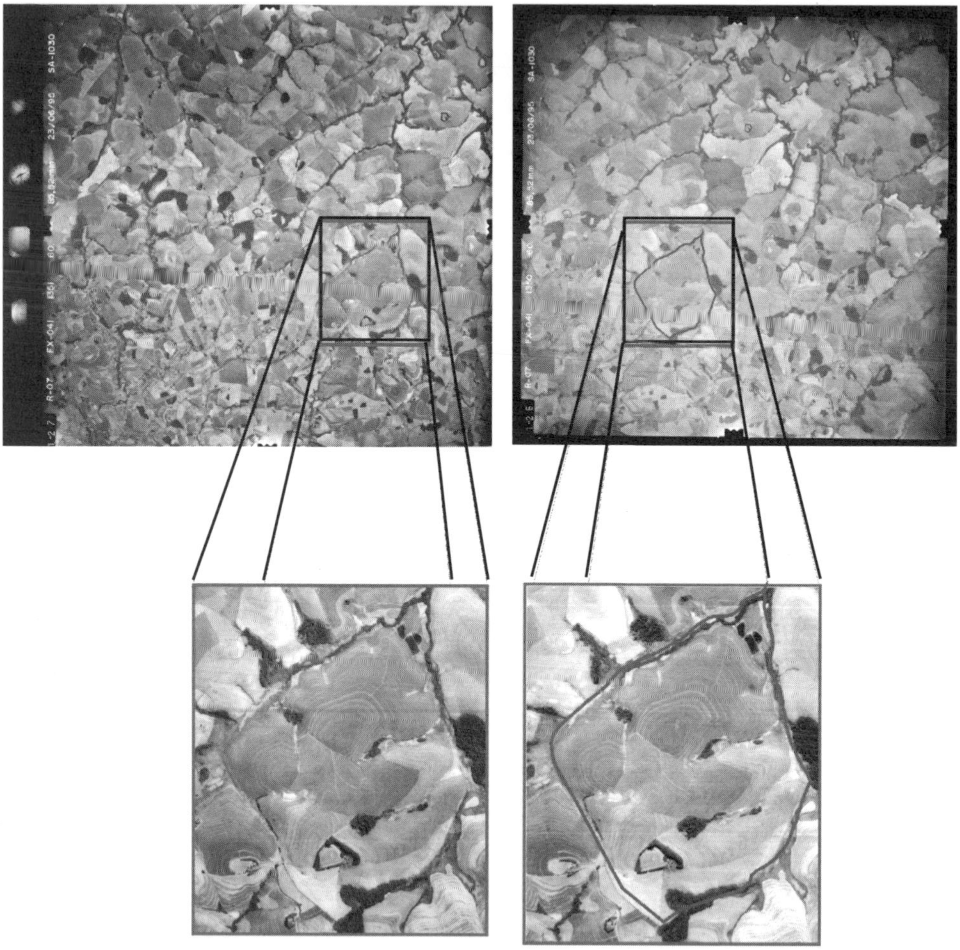

PAR ESTEREOSCÓPICO COM ESCALA AMPLIADA 3 VEZES

A PARTIR DE CORTES CONTENDO A ÁREA DE INTERESSE

Figura 2: Obtenção de pares estereoscópicos em escala maior a partir da ampliação de fotografias aéreas com escala pequena.

b) Mapas planialtimétricos

Essa base cartográfica, embora apresente medidas precisas dos contornos da propriedade ou da microbacia e permita a avaliação do relevo representado por curvas de nível, é pobre em detalhes internos. Essa falta de detalhes internos dificulta a locação de pontos e de limites no mapeamento. Quando esses mapas não estão disponíveis, sua obtenção exige equipamentos e tempo nem sempre disponíveis. Restituições aerofotogramétricas, representadas pelas cartas do Serviço Geográfico do Exército em escala de 1:50.000, podem ser usadas como base cartográfica em microbacias de grande extensão, quando ampliadas para escalas mais adequadas. Apesar de essas cartas apresentarem maior riqueza de detalhes cartográficos que os mapas topográficos, esse nível de detalhe ainda é insuficiente para facilitar os mapeamentos temáticos.

c) Croquis

Quando não existem fotografias aéreas ou mapas planialtimétricos disponíveis, é necessário confeccionar um croqui ou mapa esquemático da área a ser estudada. Neste croqui devem ser representadas as diferentes áreas homogêneas ou glebas da propriedade, assim como outras feições naturais e construções que necessitam ser reconhecidas. Para isso, podem ser usados diferentes métodos, como o percorrimento da área com medição de distâncias e ângulos ou o percorrimento da área usando-se sistemas de GPS.

Em ambos os casos, percorre-se a área e localizam-se as características de referência, como os limites externos e internos, estradas, arroios, limites de lavouras, de pastagens, de matas etc. Quando instrumentos como os receptores de GPS não estão disponíveis, utiliza-se a medição de distâncias a passo ou com trena e a medição de ângulos com equipamentos topográficos ou com transferidor. Utilizando-se as distâncias e ângulos medidos no campo, desenha-se uma representação da área e de suas características na forma de um croqui.

Esse croqui representa um esquema de distribuição das diferentes glebas da área mapeada, mas não serve como base cartográfica para obtenção de medidas de distâncias ou de áreas, devido à inexatidão dos limites e das referências nele representados.

Quando utilizam-se receptores de GPS, da mesma forma como explicado anteriormente, percorre-se a área identificando-se limites que devem ser mapeados com o aparelho registrando a posição geográfica continuamente ou de pontos específicos. Dessa forma, o aparelho devidamente ajustado tem a capacidade de registrar a localização de todos os pontos de referência na propriedade, assim como limites da propriedade e entre glebas. Posteriormente, as informações coletadas são transferidas para um computador, onde são processadas usando-se programas gráficos (quando somente deseja-se desenhar o croqui), ou usando-se programas compatíveis com sistemas de informação geográfica (SIG), quando deseja-se criar uma base de dados digital da área planejada.

2

Metodologia para avaliação da aptidão agrícola das terras

A maioria dos municípios e microbacias hidrográficas não dispõe de mapas de solos com escala adequada para obtenção das informações necessárias à classificação da aptidão agrícola das terras. Para contornar essa deficiência a curto prazo, é necessário que se disponha de metodologias que permitam buscar as referidas informações diretamente no campo, utilizando-se procedimentos mais simples e que demandem menos tempo que os adotados nos levantamentos de solos. Dessa forma, esses procedimentos podem ser facilmente aplicados por técnicos, planejadores e extensionistas agrícolas.

O processo consiste na identificação da variabilidade das características da terra por meio de trabalhos de campo e de fotointerpretação, identificação e avaliação das características limitantes ao uso agrícola, estabelecimento de classes de parâmetros para cada uma dessas características, elaboração de um quadro-guia para a indicação da aptidão de uso das terras da área sendo avaliada e mapeamento das mesmas com o auxílio do quadro-guia. A Figura 3 sintetiza as diversas etapas do processo de avaliação da aptidão de uso das terras.

2.1 Primeira etapa: reconhecimento dos diferentes padrões fisiográficos que ocorrem na área

Inicialmente, procura-se identificar os diferentes tipos e unidades de paisagem que ocorrem na área, como superfícies com diferentes classes de relevo e posições na paisagem (topos e encostas de morros, várzeas, terraços aluviais etc.) e áreas com diferenças relativas à drenagem, pedregosidade, degradação, complexidade etc. Isso é feito por meio de fotointerpretação e/ou percorrimento preliminar da área. Após o reconhecimento inicial, define-se uma ou mais transecções que cubram a maior variação possível de características fisiográficas (declividade, tipos de solos, pedregosidade, drenagem etc.), para serem percorridas sistematicamente a campo. Considerando que geralmente a variação das características fisiográficas está associada ao relevo, a maneira mais objetiva de se identificar transecções é locá-las ao longo de toposseqüências representativas da área.

1ª ETAPA

Fotointerpretação ou percorrimento preliminar da área para: identificação dos diferentes padrões fisiográficos da área e locação de transecções representativas sobre a base cartográfica (Fig. 3).

↓

2ª ETAPA

Percorrimento sistemático das transecções para: identificação e locação de pontos de observação e descrição das características da terra: solos, relevo, drenagem, pedregosidade, degradação, complexidade do terreno, riscos de inundação etc. (Fig. 3).

↓

3ª ETAPA

Tabulação dos dados obtidos a campo para identificação das características das terras que representam limitações ao uso agrícola.

↓

4ª ETAPA

Estabelecimento do quadro-guia: organização das classes de limitações de forma a permitir todas as combinações possíveis e definição das classes e subclasses de aptidão de uso agrícola para cada combinação, baseado em informações sobre resultados de pesquisa, discussão com outros técnicos que atuam na região e experiência dos agricultores.

↓

5ª ETAPA

Fotointerpretação e percorrimento intensivo da área para: identificação e mapeamento das classes e subclasses de aptidão de uso com auxílio do quadro-guia (Fig. 5).

Figura 3: Etapas da avaliação e mapeamento da aptidão agrícola das terras de um município, microbacia hidrográfica ou propriedade rural.

A identificação e locação dessas toposseqüências pode ser feita facilmente sobre as fotografias aéreas por observação estereoscópica. Na ausência das fotografias, essa identificação pode ser feita por observação no campo, a partir de locais de fácil acesso, de onde se possa ter uma visão abrangente da área a ser avaliada. A Figura 4 mostra, locadas em um mapa topográfico, transecções, que cobrem diferentes situações de relevo, tais como topos (pontos 1, 9 e 10), encostas (pontos 2, 3, 4, 5 ,6, 8, 11, 12 e 15), depressão elevada (ponto 7) e várzea de arroio (pontos 13 e 14).

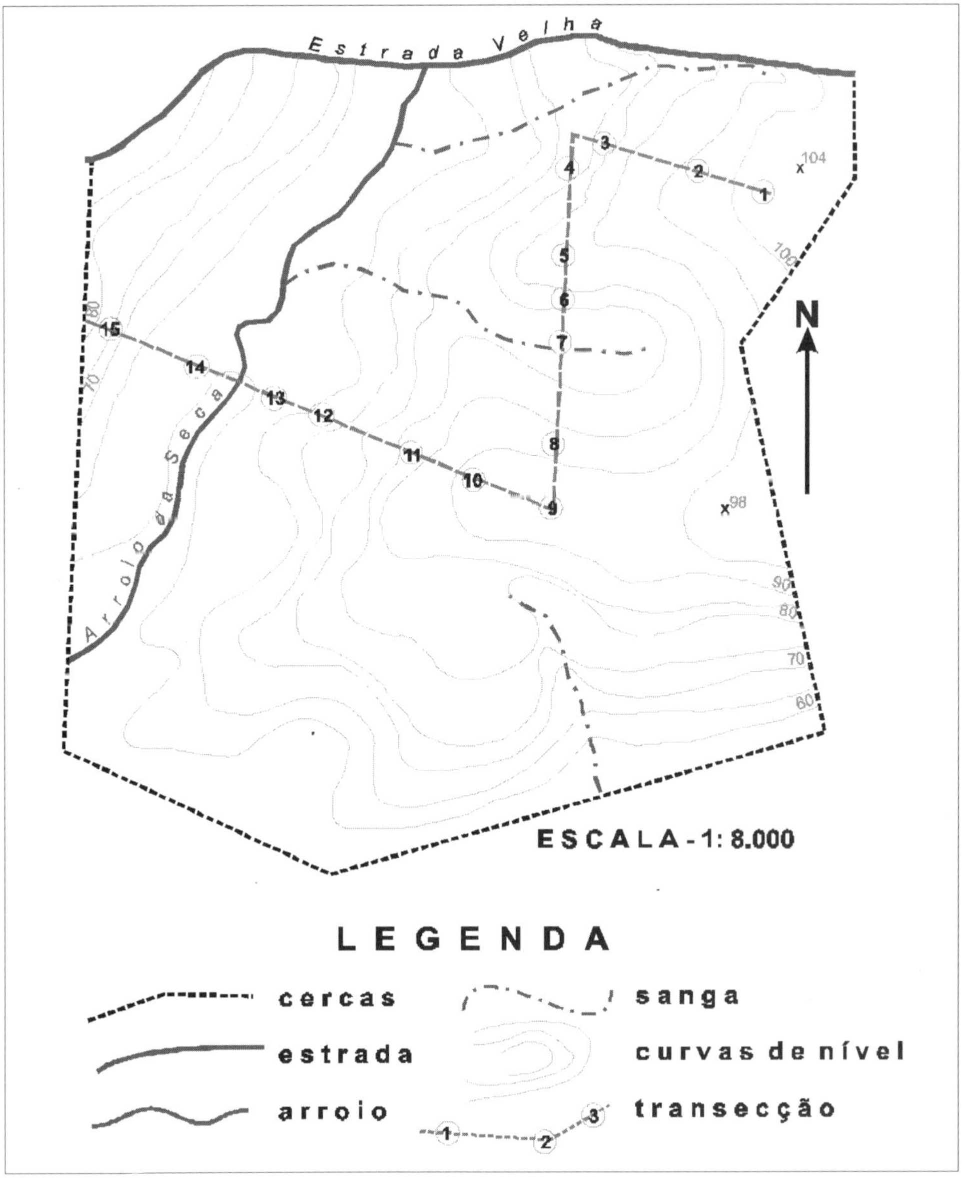

Figura 4: Transecção e pontos de observação locados sobre o mapa topográfico de uma propriedade rural.

2.2 Segunda etapa: identificação e avaliação das características das terras nas diferentes fisiográfias

Após identificadas e locadas na base cartográfica, as toposseqüências são sistematicamente percorridas e, onde houver variação de alguma característica fisiográfica, estabelece-se um ponto de observação, que é identificado por um número de ordem e marcado sobre a base cartográfica (Figura 4). Nesse ponto, descrevem-se e avaliam-se as **características do solo** e as **características do ambiente** que possam representar limitações ao uso da terra e a seguir apresentadas.

Características do solo: por tradagem, coleta-se uma seqüência de amostras até a profundidade de 1,20 metro ou até atingir o horizonte C ou R do solo. Essas amostras são dispostas na superfície do terreno na mesma seqüência e espessura em que se encontram no perfil do solo (Figura 5). Em áreas pedregosas e com grande variação da profundidade dos solos a curtos espaços, deve-se fazer tradagens em vários pontos para caracterizar essa variabilidade e definir o padrão do perfil de solo predominante. No conjunto de amostras que representam o perfil predominante, seguindo os critérios e procedimentos contidos no *Manual de Descrição e Coleta de Solo no Campo* (LEMOS e SANTOS, 1996), são descritas as seguintes características dos horizontes do solo:

Figura 5: Amostras de solo tiradas sucessivamente em diferentes profundidades com auxílio de trado, representando o perfil de um solo com seqüência de horizontes A, Bg e Cg.

- Seqüência de horizontes;
- Espessura de horizontes;
- Cor dos horizontes;
- Textura dos horizontes;
- Consistência dos horizontes.

A partir dessas características, identifica-se a ocorrência de limitações que o solo pode apresentar quanto a:

- Profundidade efetiva;
- Textura dos horizontes superficiais e subsuperficiais e gradiente textural;
- Drenagem;
- Presença de caráter vértico.

Essas características também permitem enquadrar o solo nas classes taxonômicas do Sistema Brasileiro de Classificação de Solos (EMBRAPA, 2006). Para isso, pode ser necessário analisar amostras de horizontes subsuperficiais em laboratório, objetivando determinar o caráter alumínico, distrófico ou eutrófico e a atividade da argila. O enquadramento na classe taxonômica pode ser facilitado comparando-se as características do solo descritas no ponto de observação com as características de perfis representativos de solos da região, descritos e classificados em *Solos do Rio Grande do Sul* (STRECK et al., 2002) ou em relatórios de levantamento de solos (BRASIL, 1973; IBGE, 1984).

A identificação da classe taxonômica de solo permite a extrapolação, para a área que está sendo avaliada, de dados analíticos de solos correspondentes de outras áreas e que são descritos em relatórios de levantamento de solos. Além disso, permite a extrapolação de resultados de pesquisa em uso e manejo e conservação do solo obtidos em áreas experimentais.

Características ambientais: nos pontos de observação, além das características do solo, descrevem-se também as características do ambiente que podem representar limitações ao uso agrícola e que são:

- Declividade;
- Pedregosidade;
- Grau de degradação;
- Complexidade do terreno;
- Riscos de inundação;
- Limitações climáticas;
- Presença de áreas de preservação permanente definidas pela legislação ambiental.

Para o registro das características de solos e do meio físico avaliadas nos pontos de observação podem ser utilizadas planilhas como a sugerida no Anexo 1.

A seguir, são feitas considerações sobre cada uma das características acima relacionadas e sugeridas as classes paramétricas para descrevê-las a campo.

a) Profundidade efetiva do solo (p)

Indica a espessura máxima do solo até onde as raízes das plantas podem se desenvolver livremente. Ela também determina a viabilidade da execução das práticas de preparo do solo (lavração, escarificação etc.) e a tolerância à perda de solo por erosão. Assim, solos profundos apresentam maior tolerância que solos pouco profundos, para os quais devem ser adotadas práticas de manejo e conservação que os exponham menos à erosão. A profundidade do solo pode ser limitada por presença de camadas rochosas, de linhas de pedras, de camadas cimentadas, de gradiente textural abrupto etc. A sua avaliação é feita a partir da observação e análise da seqüência de amostras tiradas com o trado. Na Tabela 2 são sugeridas classes de profundidade efetiva de solos para a avaliação da aptidão de uso das terras.

Tabela 2: Classes de profundidade efetiva do solo utilizadas para a caracterização das terras

Símbolo	Designação	Profundidade da camada de impedimento
p1	Profundo	> 150 cm
p2	Moderadamente profundo	80-150 cm
p3	Pouco profundo	40-80 cm
p4	Raso	< 40 cm

b) Textura (t) e gradiente textural (g)

A textura refere-se à proporção relativa das diferentes frações granulométricas que compõem a massa do solo (areia, silte e argila). Ela pode ser expressa na forma de classes texturais generalizadas baseadas na proporção de argila, que pode ser obtida por análise granulométrica em laboratório ou por estimativa a campo, a partir da sensação que amostras molhadas e amassadas oferecem ao tato (Tabela 3). Para isso, utiliza-se como referência o triângulo textural simplificado, conforme mostrado na Figura 6.

Tabela 3: Classes generalizadas de textura utilizadas para estimar a campo a percentagem de argila de amostras de solo

Designação	Argila (%)	Sensação ao tato e consistência
Muito argilosa	> 60	Macio, muito plástico e muito pegajoso.
Argilosa	35-60	Macio e ligeiramente áspero, plástico e pegajoso.
Média	15-35	Moderadamente áspero, ligeiramente plástico e ligeiramente pegajoso.
Arenosa	< 15%	Áspero, não plástico e não pegajoso.

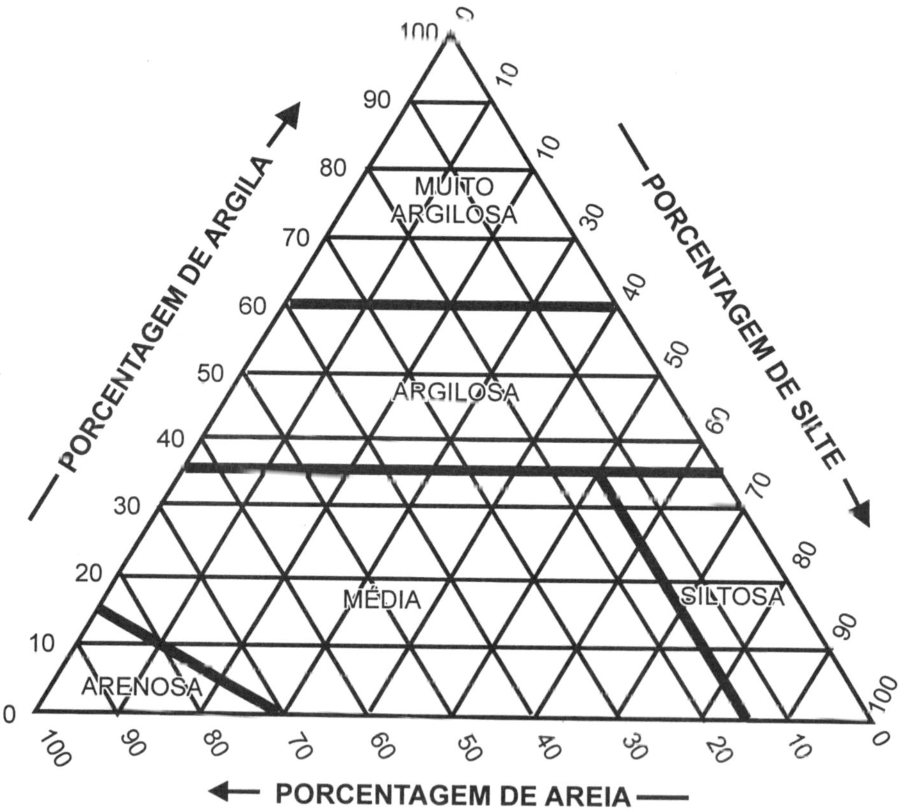

Figura 6: Triângulo textural para estimativa das classes generalizadas de textura do solo.

A interpretação da textura do solo como critério de avaliação da aptidão de uso das terras é feita com base na análise da textura de cada um dos horizontes que compõem o perfil do solo. A partir dessa análise, podem-se constatar duas situações distintas que implicam em maior ou menor limitação do solo ao uso agrícola e que estão relacionadas com a ausência ou presença de **gradiente textural** no perfil do solo.

Ausência de gradiente textural: ocorre quando todos os horizontes enquadram-se na mesma classe textural conforme pode ser constatado no perfil mostrado na Figura 7. Nesse caso, a definição da limitação ao uso agrícola é feita a partir da avaliação conjunta da classe textural do horizonte superficial, com a composição mineralógica e a drenagem do solo.

Assim, em solos de coxilha, vermelhos e bem drenados, onde predominam a caulinita e os óxidos de ferro, como nos *Latossolos* e nos *Nitossolos*, quanto maior for a proporção de argila, maior tende a ser sua estabilidade estrutural, tornando-os menos suscetíveis à degradação física e à erosão.

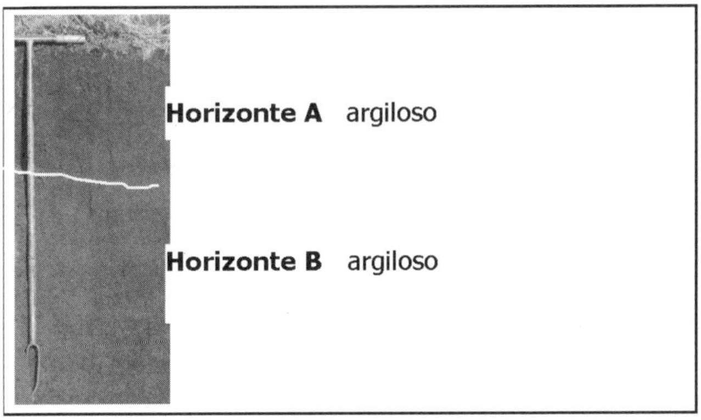

Figura 7: Exemplo de perfil de solo sem gradiente textural.

Nesses solos, na medida em que a proporção de argila diminui e sua classe textural passa à média e arenosa, como é o caso dos *Neossolos Quartzarênicos*, os riscos de degradação e erosão aumentam aumentando também as limitações ao uso agrícola.

Já nos solos de coxilha moderadamente drenados e de cores escuras onde predominam argilas expansivas e os óxidos de ferro estão ausentes ou em baixa proporção, como nos *Vertissolos* e *Chernossolos Vérticos*, as limitações ao uso agrícola aumentam com o aumento da proporção de argila. Nessa condição a sua consistência fica muito pegajosa e plástica quando molhados, firme ou muito firme quando úmidos e muito dura quando secos, o que dificulta as práticas de cultivo. Além disso, a expansão da argila, quando molhada, ao reduzir a macroporosidade e a infiltração da água das chuvas, associada ao seu alto grau de dispersão em água, torna esses solos extremamente suscetíveis à erosão. Maiores detalhes sobre as limitações desses solos estão no item que trata do caráter vértico.

Também nos solos escuros e acinzentados de várzeas, mal drenados na maior parte do tempo, a textura argilosa ou muito argilosa, como em *Gleissolos* argilosos, associada com o excesso de água, dificulta o cultivo por tornar o solo muito plástico e pegajoso, o que é difícil de ser corrigido por drenagem, devido à baixa condutividade hidráulica do solo. Por outro lado, nas terras de várzea com solos menos argilosos, como em *Gleissolos* de textura média, as limitações são menores, por esses solos serem mais facilmente drenáveis em função da sua maior condutividade hidráulica e por serem menos plásticos e pegajosos que solos de textura mais argilosa. Solos arenosos (*Neossolos Quartzarênicos Hidromórficos*), por sua vez, retêm menos a água e os nutrientes, pela menor atividade superficial de suas partículas, apresentando, portanto, menor potencial produtivo que os solos mais argilosos. Essa limitação acentua-se na medida em que, pelo excesso de cultivo, o teor de matéria orgânica, originalmente elevado nesses solos, diminui.

Presença de gradiente textural: é caracterizada pelo aumento significativo da proporção de argila dos horizontes superficiais para os subsuperficiais, conforme ilustra o perfil de solo da Figura 8.

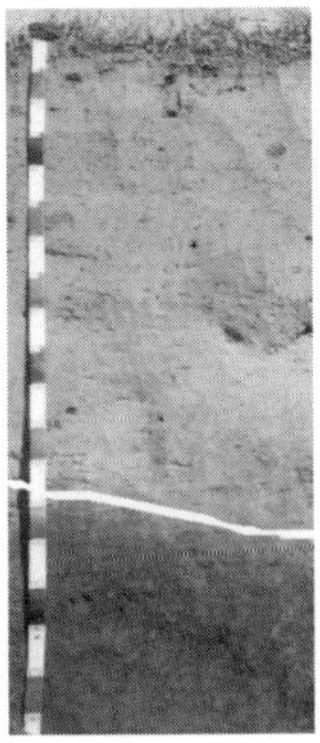

Figura 8: Exemplo de perfil de solo com gradiente textural.

Essa característica acentua a limitação ao uso agrícola que a classe textural do solo possa representar nas terras declivosas. Assim, por exemplo, solos com horizontes superficiais arenosos transicionando para horizontes subsuperficiais argilosos ou muito argilosos (gradiente textural abrupto) são muito mais suscetíveis à erosão que os solos sem gradiente textural ou onde o gradiente é pouco acentuado. Além disso, a presença desse gradiente pode propiciar o acúmulo de água sobre o horizonte mais argiloso e com menor condutividade hidráulica nos períodos chuvosos prolongados, o que pode limitar o desenvolvimento radicular de certas espécies vegetais.

Em terras de várzea que são aptas para culturas adaptadas de verão, entre as quais o arroz irrigado, a presença de gradiente textural é desejável, uma vez que a textura menos argilosa dos horizontes superficiais facilita as práticas de cultivo e o horizonte B mais argiloso funciona como barreira para evitar a perda de água durante as irrigações.

Na Tabela 4 são apresentados exemplos de classificação textural considerando as variações de textura.

Tabela 4: Classes texturais do solo, utilizadas como critério na avaliação da aptidão de uso de terras, com ausência ou presença de gradiente textural

Símbolo	Textura Generalizada do Horizonte A / Horizonte B
t1	argilosa ou muito argilosa/ argilosa ou muito argilosa
t2	média/média
t3	média/argilosa
t4	arenosa/média
t5	arenosa/argilosa ou muito argilosa
t6	arenosa/arenosa

c) Drenagem do solo (h)

É avaliada diretamente a partir da verificação da profundidade do lençol freático e indiretamente por meio da observação da cor dos horizontes do solo. Assim, a ocorrência de cores cinzentas claras ou escuras, com ou sem presença de mosqueados, normalmente indica a ocorrência de hidromorfismo, causado pelo excesso de água, permanente ou em algum período do ano. Na Tabela 5, são caracterizados o estado de umidade, as cores e a profundidade da ocorrência de hidromorfismo, nas diferentes classes de drenagem do solo a serem utilizadas como critério de avaliação das terras.

Tabela 5: Classes de drenagem avaliadas pela cor dos horizontes e estado de umidade do solo

Símbolo	Designação	Profundidade do Lençol Freático e dos Horizontes com Hidromorfismo
h1	Excessivamente drenado	Seco na maior parte do ano, inclusive pouco tempo após as chuvas. Ausência de lençol freático no perfil.
h2	Bem drenado	Lençol freático ausente no perfil.
h3	Moderadamente drenado	Presença de lençol freático e de cores acinzentadas e mosqueados abaixo de 80 cm de profundidade.
h4	Mal drenado	Presença de lençol freático e de cores acinzentadas com mosqueados entre 30 e 80 cm de profundidade.
h5	Muito mal drenado	Presença de lençol freático e de cores predominantemente acinzentadas com poucos mosqueados a menos de 30 cm de profundidade.

d) Caráter vértico (v)

É encontrado em solos com presença de superfícies de deslizamento, fendas profundas nos períodos secos e microrrelevo, resultantes da presença de proporções significativas de argilas expansivas do tipo 2:1 (esmectitas) na massa do solo. Esses solos são muito plásticos e pegajosos quando molhados, muito a extremamente firmes quando úmidos e muito a extremamente duros quando secos. Essa consistência inadequada dificulta ou impede as práticas de cultivo do solo. Esses solos apresentam alta suscetibilidade à erosão hídrica devido à alta dispersibilidade da argila e devido à acentuada redução da sua condutividade hidráulica advinda da expansão das argilas 2:1 quando se hidratam.

Não se enquadram no caráter vértico solos degradados e compactados que apresentam fendas somente no horizonte superficial em períodos de seca prolongada. No Rio Grande do Sul, a presença de caráter vértico é comum em solos da região da Campanha, podendo ocorrer em menor proporção em solos da Depressão Central e da Serra do Sudeste e, ocasionalmente, em solos das encostas basálticas.

A Tabela 6 apresenta algumas característica de solos relacionadas com a presença ou presença de caráter vértico.

Tabela 6: Classes quanto ao caráter vértico definidas em função da textura, de feições morfológicas e da consistência do solo

Símbolo	Designação	Características diagnósticas
v1	Sem caráter vértico	Ausência de superfícies de deslizamento, de fendas profundas quando seco e de microrrelevo quando molhado. Solos argilosos ou muito argilosos são friáveis quando úmidos.
v2	Com caráter vértico	Solos argilosos ou muito argilosos com presença de superfícies de deslizamento, de fendas profundas quando seco e de microrrelevo quando molhados. São muito duros ou extremamente duros quando secos, muito firmes ou extremamente firmes quando úmidos e muito plásticos e muito pegajosos quando molhados.

e) Declividade (d)

Essa característica, além de determinar a viabilidade e rendimento das práticas agrícolas, é um dos fatores que condiciona o processo erosivo dos solos. A forma mais prática de representá-la é em percentagem (%), que representa a variação da cota (altura) do terreno em 100 metros de distância horizontal, conforme ilustra a Figura 9.

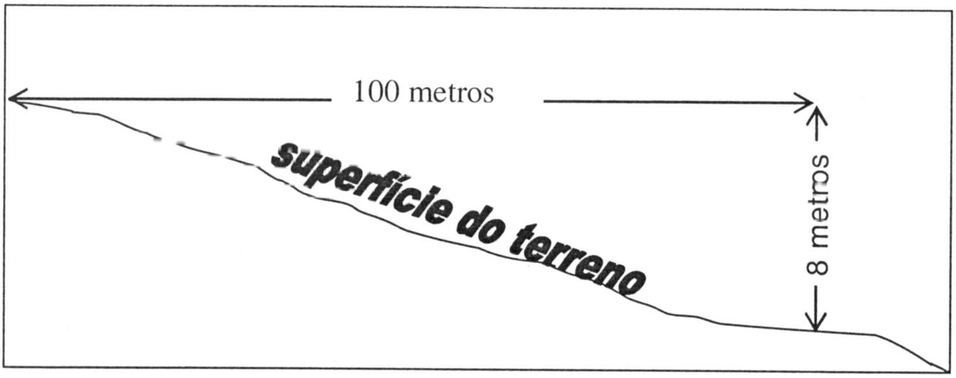

Figura 9: Representação de terreno com 8% de declividade.

A declividade também pode ser representada em graus, que indicam o ângulo de interseção da superfície do terreno com o plano horizontal. A declividade pode ser avaliada com o auxílio de um clinômetro, que é um aparelho de bolso que permite medições no sentido ascendente e descendente do declive e que normalmente indica a declividade em percentagem e em graus. Caso o aparelho indique a declividade somente em graus, a transformação em percentagem é feita multiplicando-se a tangente do ângulo por 100. Por exemplo, uma declividade de 8°, corresponde a: (tan. 8° x 100) = (0,1405 x 100) = 14%. Na Tabela 7, são indicadas classes de declive sugeridas para uso na avaliação das terras.

Tabela 7: Classes de declive usadas na avaliação da aptidão de uso das terras

Símbolo	Percentagem	Graus
d1	< 3	< 1,7
d2	3-8	1,7-4,6
d3	8-15	4,6-8,5
d4	15-25	8,5-14,6
d5	25-45	14,6-16,7
d6	> 45	> 16,7

f) Pedregosidade (p)

É a proporção de pedras soltas e afloramentos rochosos que ocorrem no perfil ou na superfície do terreno. Ela pode ser avaliada quanto à dificuldade que impõe à execução das práticas agrícolas, levando-se em conta inclusive a experiência dos agricultores da região, em termos de uso da motomecanização ou de tração animal. Na Tabela 8 são sugeridas classes de pedregosidade a serem consideradas na avaliação das terras.

Tabela 8: Classes de pedregosidade relacionadas com a dificuldade que representam à adoção das práticas agrícolas

Símbolo	Designação	Descrição
r1	Não pedregoso	Não há dificuldade ao uso de motomecanização.
r2	Moderadamente pedregoso	Pedras dificultam, mas não impedem a motomecanização.
r3	Muito pedregoso	Pedras não impedem o uso de tração animal.
r4	Extremamente pedregoso	As práticas de preparo do solo não são viáveis.

g) Degradação (e)

Refere-se às alterações superficiais do terreno resultantes do manejo inadequado dos solos, originando compactação, diminuição da infiltração de água, aumento do escorrimento superficial da água e perda de solos com formação de sulcos e/ou de voçorocas que impõem dificuldades ou impedimentos à adoção das práticas agrícolas. Na Tabela 9, são sugeridas classes de degradação como critério de avaliação das terras.

Tabela 9: Classes de degradação relacionadas com a presença de sulcos e/ou voçorocas e com a dificuldade à adoção das práticas de cultivo

Símbolo	Designação	Descrição
e1	Não degradado ou ligeiramente degradado	Podem ocorrer sulcos de erosão superficiais freqüentes que se desfazem com o preparo e não dificultam as práticas agrícolas. Sulcos profundos e/ou voçorocas quando existentes ocorrem em distâncias superiores a 200 metros.
e2	Moderadamente degradado	Presença de sulcos rasos que dificultam as práticas agrícolas. Sulcos profundos e/ou voçorocas quando existentes, ocorrem em distâncias entre 100 e 200 metros.
e3	Muito degradado	Presença de sulcos profundos e/ou de voçorocas, que impedem o trânsito de máquinas, em distâncias inferiores a 100 metros.

Observação: quando sulcos profundos e voçorocas são espaçados mais que 100 m, eles devem ser demarcados e simbolizados na base cartográfica.

h) Complexidade do terreno (c)

Refere-se à irregularidade natural do terreno em termos topográficos (variações bruscas do relevo em curtas distâncias) que podem restringir ou impedir as práticas agrícolas. Na Tabela 10 são sugeridas classes de complexidade do terreno como critério de avaliação das terras.

Tabela 10: Classes de complexidade do terreno relacionadas com a dificuldade à adoção das práticas de cultivo

Símbolo	Designação	Descrição
c1	Não complexo	A superfície é uniforme, não apresentando ondulações que dificultem as práticas agrícolas.
c2	Moderadamente complexo	A superfície apresenta microrrelevo que dificulta a adoção das práticas agrícolas.
c3	Muito complexo	A superfície apresenta variações bruscas e acentuadas de relevo a curtos espaços de modo a impedir a adoção das práticas agrícolas.

i) Riscos de inundação (i)

Indica a duração e a freqüência de alagamentos das terras. A Tabela 11 indica a freqüência e a duração das inundações para as diferentes classes de riscos de inundação utilizadas como critério de avaliação das terras.

Tabela 11: Classes de riscos de inundação utilizadas na avaliação da aptidão de uso das terras

Símbolo	Designação	Freqüência e duração das inundações	
		Freqüência (dias/ano)	Duração (dias)
i1	Não inundável	-	-
i2	Inundações ocasionais e curtas	< 1	< 5
i3	Inundações ocasionais e longas	< 1	> 5
i4	Inundações freqüentes e curtas	> 1	< 5
i5	Inundações freqüentes e longas	> 1	> 5

j) Limitações climáticas (a)

Em nosso meio, essas limitações normalmente estão relacionadas com a deficiência de água para as culturas. Elas são deduzidas a partir dos dados de distribuição pluviométrica da região onde se insere a propriedade e da capacidade de retenção de água pelo solo. Na Tabela 12 são indicadas características de clima em classes de deficiência de água a serem utilizadas como critério de avaliação das terras.

Tabela 12: Classes de deficiência de água relacionadas com características dos solos e do clima

Símbolo	Designação	Características dos Solos e do Clima
a1	Sem deficiência	Precipitação anual é superior a 1.800 mm e bem distribuída.
a2	Moderadamente deficiente	Precipitação anual entre 1.350 e 1.800 mm, com secas ocasionais.
a3	Fortemente deficiente	Precipitação anual menor que 1.350 mm ou entre 1.350 e 1.800 mm com secas periódicas.

k) Impedimentos devido à legislação ambiental (I)

Abrangem os critérios que definem as **Áreas de Preservação Permanente** definidos no **Código Florestal Brasileiro – Lei n° 4.771**, na **Resolução nº 303, de 20/03/2002, do CONAMA** e o **Código Estadual do Meio Ambiente, Lei nº 11.520, de 03/08/2000.**

Dentro da metodologia aqui proposta, essas áreas são enquadradas como classes inaptas para uso agrícola, não exploráveis. As áreas de preservação permanente (APP) são as áreas com vegetação nativa e demais formas de vegetação situadas:

a) Em faixa marginal, medida a partir do nível mais alto dc cursos d'água permanentes ou intermitentes, com largura mínima de:

- 30 metros para cursos d'água com menos de 10 metros de largura;
- 50 metros para cursos d'água com 10 a 50 metros de largura;
- 100 metros para cursos d'água com 50 a 200 metros de largura;
- 200 metros para cursos d'água com 200 a 600 metros de largura;
- 500 metros para cursos d'água com mais de 600 metros de largura.

b) Ao redor de nascentes ou olhos d'água, intermitentes ou não, com raio mínimo de 50 metros e que proteja a bacia hidrográfica contribuinte.

c) Em faixa localizada ao redor de lagoas naturais com largura mínima de:

- 30 metros para os que estejam em áreas urbanas consolidadas;
- 100 metros para os que estejam em áreas rurais e tenham 20 ha ou mais de superfície;

- 50 metros para os que estejam em áreas rurais e tenham menos que 20 ha de superfície;

d) Em faixa localizada ao redor de reservatórios artificiais (açudes e barragens), medida a partir do nível máximo normal, com largura mínima de:

- 30 metros para os reservatórios artificiais situados em áreas urbanas consolidadas;
- 100 metros para os reservatórios artificiais situados em áreas rurais que forem utilizados para geração de energia elétrica e que tenham mais que 10 ha de superfície;
- 100 metros para os reservatórios artificiais situados em áreas rurais que não forem utilizados para geração de energia elétrica e nem para abastecimento público e que tenham mais que 20 ha de superfície;
- 15 metros, no mínimo, para reservatórios artificiais de áreas rurais utilizados para geração de energia elétrica e que tenham até 10 ha de superfície;
- 15 metros, no mínimo, para reservatórios artificiais de áreas rurais não utilizados em abastecimento público ou geração de energia elétrica e que tenham até 20 ha de superfície;

e) Em topos de morros ou de montanhas situados acima da curva de nível que passa a dois terços da altura das elevações, medidos a partir da base.

Definem-se os morros como elevações com altura situada entre 50 e 300 metros, medidos a partir da base e com encostas com declividades superiores a 30%.

Por sua vez, montanhas são definidas como elevações com altura superior a 300 metros e com mais de 30% de declividade nas encostas.

f) Em qualquer encosta de elevação com mais de 100% ou 45° de declividade.

g) Em escarpas de tabuleiros ou chapadas e na parte superior dessas, em uma faixa de no mínimo 100 metros de largura, medidos a partir da borda da escarpa. Tabuleiros ou chapadas são elevações com topo plano ou suavemente ondulado com declividades médias inferiores a 10% e com área superior a 10 ha. Se os topos têm áreas menores que 10 ha, as elevações enquadram-se em morro ou montanha.

h) Em dunas oceânicas ou lagunares descobertas, parcialmente cobertas ou totalmente cobertas por vegetação.

i) Em restingas:

- localizadas em faixa mínima de 300 metros, medidos a partir da preamar máxima;
- localizadas em qualquer localização ou extensão, quando recobertas por vegetação com função fixadora de dunas.

Definem-se restingas como depósitos arenosos dispostos paralelamente à linha da costa, de forma geralmente alongada, produzido por processos de sedimentação praiais marinhos ou lagunares. Quando dispostas sucessivamente, formam feixes de restingas.

2.3 Terceira etapa: organização dos dados de campo

Concluída a obtenção dos dados de campo ao longo das transecções, estes são organizados em uma tabela, conforme ilustra a Tabela 13. Para fins de simplificação da tabela, incluem-se somente as características com graus de limitação que variam de um ponto de observação para outro e que, conseqüentemente, definem glebas diferentes.

As características que apresentam graus de intensidade homogêneos em toda a área, são apresentadas como complemento ao pé da tabela, como é o caso, no exemplo da Tabela 13, da profundidade efetiva, da pedregosidade, do caráter vértico, da deficiência de água e da complexidade do terreno. A tabulação desses dados permite a identificação das características limitantes, bem como os limites dentro dos quais as classes paramétricas se distribuem, necessárias para a elaboração do quadro-guia.

Tabela 13: Exemplo de tabulação de dados referentes às características da terra obtidos a campo no percorrimento da transecção indicada na Figura 4

Ponto	Solo	Declive		Textura		Drenagem		Degradação		Risco inundação	
		%	*Classe*	*A/B*	*Classe*	*Grau*	*Classe*	*Grau*	*Classe*	*Grau*	*Classe*
1	NV	2	d 1	arg/arg	t 1	boa	h 1	não	-	não	-
2	NV	8	d 2	arg/arg	t 1	boa	h 1	não	-	não	-
3	NV	12	d 3	arg/arg	t 1	boa	h 1	não	-	não	-
4	NV	9	d 2	arg/arg	t 1	boa	h 1	não	-	não	-
5	NV	8	d 2	arg/arg	t 1	boa	h 1	não	-	não	-
6	NV	12	d 3	arg/arg	t 1	boa	h 1	deg.	e	não	-
7	PT	4	d 1	ar/arg	t 2	mod.	h 2	não	-	não	-
8	PV	8	d 2	ar/arg	t 2	boa	h 1	não	-	não	-
9	PV	3	d 1	ar/arg	t 2	boa	h 1	não	-	não	-
10	PV	6	d 2	ar/arg	t 2	boa	h 1	não	-	não	-
11	PV	13	d 3	ar/arg	t 2	boa	h 1	deg.	e	não	-
12	PV	8	d 2	ar/arg	t 2	boa	h 1	não	-	não	-
13	PL	2	d 1	ar/arg	t 2	mal	h 3	não		inund	i
14	HAQ	1	d 1	ar/ar	t 3	mal	h 3	não	-	inund	i
15	NV	11	d 3	arg/arg	t 1	boa	h 1	não	-	não	-

OBSERVAÇÃO. Profundidade do solo, pedregosidade, déficit hídrico, complexidade do terreno e caráter vértico não variam e não representam limitações nesta área.

2.4 Quarta etapa: elaboração do quadro-guia para classificação e mapeamento das classes de aptidão de uso agrícola das terras

Na elaboração do quadro-guia, as classes de cada característica devem ser organizadas de forma a obter todas as combinações possíveis. Por exemplo, se tivermos duas classes da característica **x** (x1, x2) e três classes da característica **y** (y1, y2, y3), a combinação de todas as classes das características x e y originarão seis conjuntos de classes ou combinações possíveis, quais sejam: x1y1, x1y2, x1y3, x2y1, x2y2, x2y3, conforme pode ser visto na Tabela 14.

Tabela 14: Combinação das características limitantes "x" e "y".

Classes da característica Y	**Classes da característica X**	
	x1	**x2**
y1	x1y1	x2y1
y2	x1y2	x2y2
y3	x1y3	x2y3

Após a organização das classes das limitações no quadro-guia, para cada uma das combinações, com base em informações de pesquisa em uso, manejo e conservação do solo, em discussão entre os técnicos que atuam na região e na experiência de agricultores, indicam-se a classe e a subclasse aptidão de uso das terras, conforme exemplificado no quadro-guia organizado para uma propriedade rural mostrado na Tabela 15.

- A **classe de aptidão de uso agrícola** indica o tipo de uso mais adequado (culturas anuais, pastagens, silvicultura etc.), sendo representada por letras maiúsculas.

- A **subclasse de aptidão de uso agrícola** indica as práticas de manejo e de conservação necessárias para cada tipo de uso (forma de preparo do solo, percentagem de cobertura do solo com resíduos culturais, cultivo de espécies para cobertura do solo, práticas mecânicas e vegetativas de contenção das enxurradas, drenagem, rotações de cultura, recuperação de áreas degradadas etc.), sendo representada pelo símbolo da classe seguido de um número arábico.

Tabela 15: Quadro-guia para determinação e mapeamento das classes de aptidão de uso agrícola das terras da propriedade rural representada na Figura 4

Declividade (%)	Grau de degradação	Risco de inundação	Drenagem								
			boa (h1)			moderada (h2)			mal drenado (h3)		
			Textura								
			arg./arg. (t1)	ar./arg. (t2)	ar./ar. (t3)	arg./arg. (t1)	ar./arg. (t2)	ar./ar. (t3)	arg./arg. (t1)	ar./arg. (t2)	ar./ar. (t3)
0 – 5 (d1)	-	-	C1	C2	C3	C*1/7	C*2/7	C*3/7	-	-	-
		i	-	-	-	C**1/7		C**3/7	AC**7		P7
5 – 10 (d2)	-	-	C2	C3	P5S6	-					
10 – 15 (d3)	-	-	C3	P5	S6						
	e		C4	S6	R6						
15 – 20 (d4)	-	-	P5S6	R6	R6						

Classes de Aptidão
Terras aptas para:
C: Culturas anuais de inverno ou de verão.
C*: Culturas anuais de verão.
C**: Culturas de verão de ciclo curto.
A: Arroz irrigado.
P: Pastagem.
S: Silvicultura.
R: Reflorestamento ou florestamento.

Subclasses de Aptidão

1: Preparo reduzido para 30% de cobertura com resíduos; plantas recuperadoras (um ciclo em cada três).

2: Preparo reduzido para 50% de cobertura; espécies recuperadoras (um ciclo em cada dois); faixas de retenção.

3: Plantio direto de espécies densas; faixas de retenção.

4: Fechamento de sulcos e de voçorocas seguido de 2 anos de cultivo com espécies recuperadoras; após, utilizar como C3.

5: Controle do pastejo e do trânsito de animais; rodízio dos saleiros.

6: Não lavrar; plantio das mudas em sulcos ou em covas individuais.

A notação das classes e das subclasses não precisa ser necessariamente a adotada na Tabela 15. Nos anexos 2, 3 e 4 são apresentados outros exemplos de notação das classes de aptidão de uso agrícola das terras.

Na estruturação do quadro-guia, devem ser considerados os seguintes princípios:

- Sempre que possível, as melhores classes de cada característica devem ser colocadas próximas ao canto superior esquerdo e as piores próximas ao canto inferior direito. Dessa forma, as aptidões de uso indicadas diminuem no sentido descendente e da esquerda para a direita do quadro.

- Os quadros-guia devem ser simples e de fácil utilização no campo. Podem ocorrer situações em que a área para a qual está sendo estabelecido um quadro-guia seja muito variada quanto às feições fisiográficas existentes, o que normalmente resulta em um grande número de limitações distintas ao uso agrícola. Isso torna o quadro-guia bastante complexo e dificulta a sua organização. Nesse caso, a área pode ser estratificada em grupos de terras com feições marcantes comuns como, por exemplo, áreas onduladas com solos profundos, áreas montanhosas com solos pedregosos, áreas planas com solos mal drenados etc. Dessa maneira, para cada um desses grupos, podem ser organizados quadros-guia específicos e mais simples. O Anexo 2 exemplifica essa situação.

- Não incluir no quadro características que são homogêneas em toda a área. Por exemplo, se toda a área for cascalhenta, esta característica não deverá ser incluída. Entretanto, essa característica deve ser considerada no estabelecimento das classes e das subclasses de aptidão de uso. Para tanto, usa-se anotar as características comuns para toda a área, na forma de observação na base do quadro.

- Embora devam ser representadas todas as combinações possíveis de limitações, algumas podem ser eliminadas se for constatado que efetivamente não ocorrem na área ou se representarem combinações absurdas (ex.: alta declividade e má drenagem).

- Os quadros-guias não são inalteráveis, podendo ser ajustado na medida em que forem observadas respostas inadequadas da terra às práticas de manejo e ao uso recomendados. Ajustes também são necessários se, durante o mapeamento, forem detectadas características limitantes ao uso agrícola não identificadas no percurso das transecções (segunda etapa), e que deverão ser incluídas no quadro-guia.

- Os quadros-guias somente são válidos para as regiões fisiográficas, municípios, microbacias ou propriedades que servirem de base para a sua elaboração.

2.5 Quinta etapa: mapeamento da aptidão de uso agrícola das terras

Dispondo-se do quadro-guia e da base cartográfica, deve-se percorrer criteriosamente toda a área que está sendo avaliada e mapear as áreas homogêneas quanto às características limitantes indicadas no quadro-guia e indicar a classe e a subclasse de aptidão de uso.

A simbologia utilizada para identificar os diferentes delineamentos de aptidão de uso no mapa deve ser composta pelos símbolos das classes e subclasses de aptidão de uso e das classes das características da terra, constantes no quadro-guia e, se possível, pelo símbolo da unidade taxonômica do solo. O mapa de aptidão de uso agrícola da propriedade rural avaliada utilizando o quadro-guia retro apresentado e a simbologia adotada constam na Figura 10. Este mapa reúne informações básicas que, complementadas com outros critérios agronômicos ou econômicos, permitirão ao agricultor ou aos planejadores definir quais culturas e práticas de manejo poderão ser efetivamente implementadas na área para atingir seu máximo potencial produtivo sem causar degradação dos solos e do ambiente.

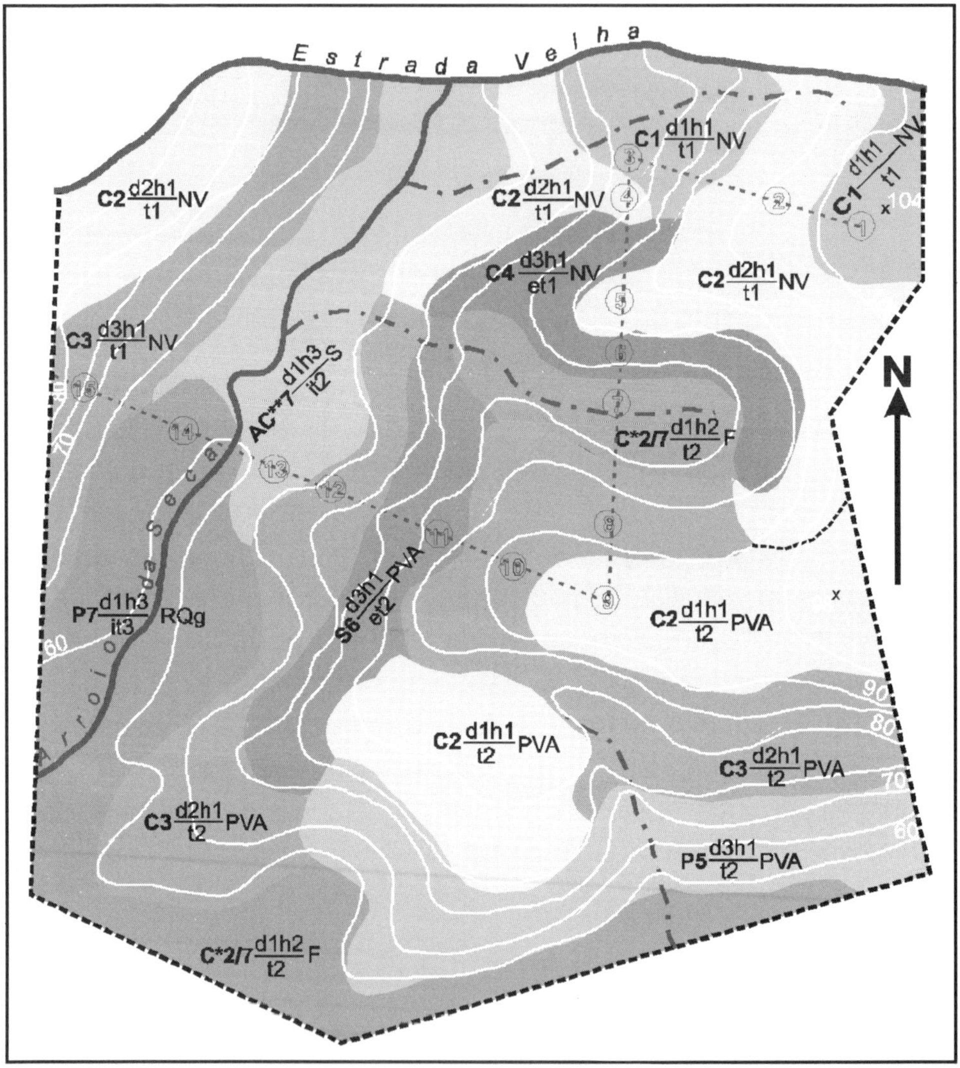

Figura 10: Mapa de aptidão de uso das terras da propriedade representada na Figura 4 mostrando as classes e subclasses de aptidão agrícola e a simbologia adotada.

Classes de Aptidão

C: Culturas anuais de inverno ou de verão
C*: Culturas anuais de verão
C**: Culturas de verão de ciclo curto
A: Arroz irrigado
P: Pastagem
S: Silvicultura ou fruticultura
R: Reflorestamento ou florestamento

Subclasses de Aptidão

1: Preparo reduzido com 30% de cobertura; espécies recuperadoras (um ciclo em cada três);
2: Preparo reduzido com 50% de cobertura; espécies recuperadoras (um ciclo em cada dois); faixas de retenção;
3: Plantio direto de espécies densas; faixas de retenção;
4: Fechamento de sulcos e de voçorocas seguido de 2 anos de cultivo com espécies recuperadoras; após, utilizar como **C3**;
5: Controle do pastejo e do trânsito de animais.

Características da terra consideradas

Declividade (%)	Textura	Drenagem	Riscos de Inundação	Grau de Degradação
d1: 0-5	t1: arg/arg	h1: bem drenado	-: não inundável	-: não degradado
d2: 5-10	t2: arg/aren	h2: imperfeit. drenado	i: inundável	e: degradado
d3-10-15	t3: aren/aren	h3: mal drenado		
d4: 15-20				

Solos:

NV: Nitossolo Vermelho
PVA: Argissolo Vermelho Amarelo
S: Planossolo
F: Plintossolo
RQg: Neossolo Quartzarênico Hidromórfico

Referências

BRASIL. Ministério da Agricultura. Departamento Nacional de Pesquisa Agropecuária. Divisão Pedológica. **Levantamento de reconhecimento dos solos do Estado do Rio Grande do Sul**. Recife, 1973. 431 p. (DNPEA. Boletim técnico, 30).

CAMARGO, N.; KLAMT, E.; KAUFFMAN, J. H. Classificação de solos usada nos levantamentos pedológicos no Brasil. **Bol. Inf. Soc. Bras. Ci. Solo**, Campinas, v. 12, n. 1, p. 11-33, 1987.

EMBRAPA. SNLCS. **Critérios para distinção de classes de solos e de fases de unidades de mapeamento**: normas em uso pelo SNCLS. Rio de Janeiro, 1988. 17 p.

EMBRAPA. CNPS. **Sistema Brasileiro de Classificação de Solos**. 2. ed. Brasília: EMBRAPA Produção de Informações; Rio de Janeiro: EMBRAPA Solos, 2006. 306 p.

HESSELN, N. E. **Levantamento de solos e avaliação da aptidão agrícola das terras do Assentamento Capela (Nova Santa Rita/RS)**. 1997. 109 f. Dissertação (Mestrado)-Universidade Federal do Rio Grande do Sul. Faculdade de Agronomia. Programa de Pós-Graduação em Agronomia. Curso de Pós-Graduação em Ciência do Solo, Porto Alegre, 1997.

IBGE. **Levantamento dos Recursos Naturais**: Folha SH. 22 Porto Alegre e parte das Folhas SH.21 Uruguaiana e SI.22 Lagoa Mirim. Rio de Janeiro: IBGE, 1986. 796 p. (Levantamento de Recursos Naturais, 33).

KLAMT, E.; STAMMEL, J.G. Manejo adequado das encostas basálticas. **Trigo e Soja**, Porto Alegre, V. 74, p. 4 – 11, 1984.

KLAMT, E. Avaliação dos sistemas de classificação da capacidade de uso dos solos. In: ENCONTRO NACIONAL DE PESQUISA SOBRE CONSERVAÇÃO DO SOLO, 2., 1978, Passo Fundo. **Anais...** Passo Fundo, EMBRAPA, CNPT, 1978. p. 453-463.

KLINGEBIEL, A. A.; MONTGOMERY, P.H. 1961. **Land capability classification**. Washington, Soil Conservation. Service, U.S. Govt. Print. Office, 1961. 21 p. (Handbook, 210)

LEMOS, R.C. de; SANTOS, R.D. dos. 1996. Manual de descrição e coleta de solo no campo. 3. ed. Campinas: Soc. Bras. Ci. Solo; EMBRAPA, SNLCS, 1996. 83 p.

LEPSCH, I.F. et al. **Manual para levantamento utilitário do meio físico e classificação de terras no sistema de aptidão de uso**: 4ª aproximação. Campinas: Soc. Bras. Ci. Solo, 1991. 175 p.

NEUBERT, E. de O. **Levantamento de solos e avaliação do potencial de uso agrícola das terras da microbacia do Arroio Armazém (Município de Urussanga, SC)**. 1994. Dissertação (Mestrado, Ciência do Solo)-Universidade Federal do Rio Grande do Sul. Faculdade de Agronomia. Programa de Pós-Graduação em Agronomia. Curso de Pós-Graduação em Ciência do Solo, Porto Alegre, 1994.

OLIVEIRA, J. B. de et al. **Classes gerais de solos do Brasil**. Jaboticabal: FUNEP, 1992. 201 p.

OLIVEIRA, J. B. de. **Pedologia aplicada**. Jaboticabal: FUNEP, 2001. 414 p.

RAMALHO FILHO, A.; BEEK, K.J. **Sistema de avaliação da aptidão agrícola das terras**. 3.ed. rev. Rio de Janeiro: EMBRAPA/CNPS, 1995. 65 p.

STRECK, E.V. **Levantamento de solos e avaliação do potencial de uso agrícola das terras da microbacia do Lajeado Atafona (Santo Ângelo - RS)**. 1992. 155 p. Dissertação (Mestrado, Ciência do solo)-Universidade Federal do Rio Grande do Sul. Faculdade de Agronomia. Programa de Pós-Graduação em Agronomia. Curso de Pós-Graduação em Ciência do Solo, Porto Alegre, 1992.

STRECK, E. V. et al. **Solos do Rio Grande do Sul**. Porto Alegre: EMATER/RS; UFRGS, 2002. 108p.

WÜNSCHE, W. et al. Projeto Integrado de Conservação do Solo: um esforço conjunto no Rio Grande do Sul. **Trigo e Soja**, Porto Alegre, n. 51, p. 22-25, 1980.

Anexos

1 Registro das características de solos e do meio físico

Tabela 16: Planilha de campo para registro das características de solos e do meio físico, descritas nos pontos de observação

PROJETO: ______________________________ **PONTO DE OBSERVAÇÃO Nº:** ____________________

CLASSE DE SOLO: ______________________________ **UNIDADE DE MAPEAMENTO:** ____________________

DESCRIÇÃO DO PERFIL DO SOLO				
HORIZONTES	ESPESSURA	COR	TEXTURA	CONSISTÊNCIA

CARACTERIZAÇÃO DE SOLOS E DO MEIO FÍSICO		LOCALIZAÇÃO DOS PONTOS DE OBSERVAÇÃO NA TOPOSSEQÜÊNCIA
DECLIVIDADE		
PROFUNDIDADE EFETIVA		
TEXTURA		
DRENAGEM		
PEDREGOSIDADE		
GRAU DE DEGRADAÇÃO		
COMPLEXIDADE DO TERRENO		
RISCOS DE INUNDAÇÃO		
CARÁTER VÉRTICO		
DEFICIÊNCIA DE ÁGUA		

OBSERVAÇÕES:

2 Quadros-guias estabelecidos por Streck (1992) para indicar a aptidão de uso das terras da microbacia hidrográfica do Arroio Atafona (Santo Ângelo, RS)

Tabela 17: Quadro-guia para a definição das classes e subclasses de aptidão de uso da terra para os solos do Grupo 1: bem drenados sem pedregosidade

Declividade (%)	Grau de erosão	Profundidade	
		Profundo (H1) (> 100 cm)	Pouco profundo (H2) (60-99 cm)
0 – 5		C1	C2
5 – 10	Pe	C2	C3
	e	C5	C5
10 – 15	Pe	C3	C4
	e	C5	P7
15 – 20	Pe	P7	P7
	e	R9	R9

Pe = pouco erodido; e =erodido, C = culturas anuais, P = pastagem, R = reflorestamento; 1, ..., 9 = práticas conservacionistas (subclasses), definidas na coluna para terras sem pedras (Tabela 20).

Tabela 18: Quadro-guia para a definição das classes e subclasses de aptidão de uso para as glebas de terra dos solos do Grupo 2: bem drenados com pedregosidade

Declividade (%)	Erosão	Pedregosidade						
		Pedregoso (P1)	Muito pedregoso (P2)		Muito pedregoso e rochoso (P3)		Extremamente pedregoso (P4)	Extremamente pedregoso e rochoso (P5)
		Profundidade						
		Pouco profundo (H3)	Pouco profundo (H3)	Raso (H4)	Pouco profundo H3)	Raso (H4)	Muito raso (H5)	Muito raso (H5)
(1) 0-5		C1	C1	P7	P7	S8	S8	R9
(2) 5-10	Pe	C2	C2	P7	P7	S8	S8	R9
	e	C5	P7	R9	R9	R9	R9	R9
(3) 10-15	Pe	C3	C3	P7	S8	R9	R9	R9
	e	C5	P7	S8	R9	R9	R9	R9
(4) 15-20	Pe	C4	C4	S8	R9	R9	R9	R9
	e	S8	R9	R9	R9	R9	R9	R9
(5)>20	Pe	P7	S8	R9	R9	R9	R9	R9
	e	R9	R9	R9	R9	R9	R9	R9

Pe = pouco erodido; e = erodido, erosão em sulcos poucos profundos, profundos e voçorocas;
H3 = 60-90 cm; H4 = 40-60 cm; H5 < 40 cm;
C = culturas anuais; P = pastagem; S = silvicultura; R = reflorestamento; 1,...,9 = práticas conservacionistas (subclasse), definidos na coluna para terras com pedras (Tabela 20).
OBS.: áreas de preservação permanente, da classe F, serão definidas a campo com base em critérios do Código Florestal.

Tabela 19: Quadro-guia para a definição das classes e subclasses de aptidão de uso para glebas de terras dos solos do Grupo 3: mal drenados

Declividade	Lençol freático elevado (hi)			
	Sem risco de inundação	**Inundação freqüente**	**Inundação muito freqüente**	*
0-5%	C6	C6	R9	F

* áreas periféricas a vertentes d'água, margens de rios e riachos protegidos pelo Código Florestal.

Tabela 20: Indicação das práticas conservacionistas correspondentes às diferentes subclasses de aptidão de uso para terras

Classes de capacidade de uso	Subclasses de capacidade de uso	Práticas conservacionistas	
		Sem pedra	**Com pedra**
C	1	a) Alternância com culturas de inverno, para cobertura (1 ciclo/3 anos) em preparo reduzido (gradagem e escarificação) para índice cobertura residual (ICR) > 40% b) Terraço de base larga em nível	a) Cordões vegetados b) Cultivo em sulcos c) Alternância idem ao item a) de sem pedra, preparo reduzido para ICR > 40%
C	2	a) Alternância com cultura de inverno, para cobertura (2 ciclos/3 anos) e densas (1 ciclo/3 anos) em preparo reduzido para índice cobertura > 60% b) Terraço de base larga em nível para Latossolo e em desnível para Latossolo pouco profundo, Chernossolo Argilúvico e Nitossolo	a) Cordões de pedra e/ou vegetados b) Preparo em sulcos c) Alternância idem ao item a) de sem pedra, preparo reduzido para ICR > 60% d) Culturas em faixas
C	3	a) Alternância com culturas de inverno, para cobertura (2 ciclos/3 anos) e densas (1 ciclo/3 anos) b) Plantio direto ou preparo reduzido com índice cobertura > 80% c) Terraço de base média em nível para Latossolo profundo e desnível para Chernossolo Argilúvico e Nitossolo	a) Cordões de pedra e/ou vegetados b) Sucessão de culturas de cobertura de inverno após culturas de verão c) Plantio direto ICR > 80% em sulcos d) Plantio direto
C	4	a) Uso esporádico com culturas anuais alternadas com culturas semi-permanentes b) Preparo reduzido e/ou direto c) Terraço de base média em desnível	a) Cordões de pedra e/ou vegetados b) Sucessão de culturas de cobertura de inverno após culturas de verão em sulcos c) Uso esporádico com culturas anuais intercalado com culturas de cobertura de verão e inverno (um ciclo a cada dois anos) d) Plantio direto
C	5	a) Sistematização do terreno b) Terraço em nível ou desnível conforme classe de declive e tipo de solo c) Construção de murunduns em locais críticos d) Implantação do cultivo com culturas recuperadoras de inverno em três ciclos e) Aguardar umidade adequada ao solo para as práticas de sistematização, preparo e cultivo f) Após a sistematização, idem 1 a 4 conforme classe de declive e de profundidade	a) Sistematização do terreno b) Cordões vegetados c) Uso de culturas semi-permanentes d) Uso para pastagem

(...continua)

(continuação da Tabela 20)

C	6	a) Drenagem b) Uso com espécies de verão de ciclo curto, ou espécies adaptadas/hidrófilas	
P	7	a) Introdução de forrageiras melhoradas b) Terraceamento conforme a classe de declive c) Controle do pastejo e rotação de saleiros - evitar trânsito localizado de animais	a) Cordões em contorno com pedra ou vegetados
S	8	a) Plantio com índice de cobertura > 70% b) Talhões em contorno c) Cortes alternados em faixas e em nível	a) Idem 8 sem pedra
R	9	a) Escolha de espécies florestais adaptadas. Extração eventual sob forma individual	a) Plantio com índice cobertura residual > 70% b) Extração eventual sob forma individualizada
F		Áreas de preservação permanente sem explorações a serem definidas a campo	
Recomendações gerais		- Descompactação do solo - Correção da acidez e fertilidade - Período preferencial de sistematização e mobilização do solo: outono menor potencial erosivo das chuvas - Manutenção de máxima rugosidade sem prejudicar o plantio	- Correção da fertilidade - Cultivo mínimo e/ou direto visando ao cultivo em sulcos com mínima mobilização do solo para um alto índice de rugosidade

3 Quadros-guia estabelecidos por Neubert (1994) para indicar a aptidão de uso das terras da microbacia hidrográfica do Rio Armazém (Urussanga, SC)

Tabela 21: Quadro-guia para terras sem riscos de inundação: Grupo A

Declividade (%)	Profundidade efetiva (cm)							
	Profundo > 100				Pouco profundo 100-50			Raso < 50
	Drenagem							
	Boa			Mod.	Boa		Mod.	Boa
	Percentagem de argila no horizonte-A (%)							
	> 35	< 35		< 35	> 35	< 35	< 35	< 35
	Presença ou ausência de gradiente textural							
	S/GR	S/GR	C/GR	C/GR	S/GR	C/GR	S/GR	S/GR
SO (3-8)	C2	C3	C4	C5			P13	
O (8-15)	C3	C6	C8		C9	C10	P14	P15
FO (15-30)	C7	F/S18	F/S18		F/S19	F/S19	P16	P17
FO1 (30-45)					S20	S20	S21	R
M+ (>45)					R			R

Observações:
Fases de declividade: SO = suave ondulado; O = ondulado; FO = forte ondulado; FO1 = forte ondulado 1 e Mt = igual ou mais que montanhoso.
- Drenagem: MOD = moderada.
- Classes de Aptidão de Uso: C = culturas anuais; S = silvicultura; F = fruticultura; P = pastagem; R = preservação permanente.
- ARG-A% = porcentagem de argila no horizonte A.
- S/GR = solos sem gradiente textural acentuado; (B/A < 1,7).
- C/GR = solos com gradiente textural acentuado; (B/A > 1,7).
- Os números de 2 a 21 após as letras representam as subclasses de aptidão agrícola das terras e encontram-se especificadas na Tabela 23.

Tabela 22: Quadro-guia para terras com riscos de inundação: Grupo B

Complexidade	Drenagem		
	Moderada	Mal	Muito mal
Não Complexas	C1/H	P11	P12/Pi
Complexas	---	P12/Pi	---

Observações:
Usos: C = culturas específicas (arroz irrigado ou semipermanentes específicas, tais como cana-de-açúcar ou capineiras); H = horticultura; P = pastagem e Pi = piscicultura.
– Os números representam as subclasses de aptidão especificadas na Tabela 23.

Tabela 23: Indicação de práticas conservacionistas correspondentes às diferentes classes e subclasses de aptidão de uso das terras sem e com riscos de inundação (grupos A e B)

Classes de Aptidão	Subclasses de Aptidão	Práticas Recomendadas
H	---	Obras de drenagem, plantio em camalhões ou em canteiros, irrigação
C	1	Obras de drenagem, arroz irrigado ou culturas semi-permanentes específicas[1] com subsolagem e/ou escarificação do solo
	2	Cultivo convencional, terraços distanciados conforme rotação utilizada: R1 = 33 m, R2 = 47 m ou R3 = 37 m
	3	Cultivo convencional, terraços distanciados conforme rotação utilizada: R1 = 10 m, R2 = 15 m, ou R3 = 12 m
C	4	Cultivo mínimo, terraços distanciados conforme rotação utilizada: R1 = 11 m, R2 = 15 m ou R3 = 12 m
	5	Idem 4, mas com drenagem do perfil
	6	Plantio direto, plantas de cobertura em cultivo mínimo, terraços distanciados conforme rotação utilizada: R1 = 32 m, R2 = 25 m ou R3 = 33 m
	7	Plantio direto, com plantas de cobertura em cultivo mínimo, terraços distanciados conforme rotação utilizada: R1 = 10 m, R2 = 14 m ou R3 = 34 m
	8	Plantio direto, com plantas de cobertura em cultivo mínimo e incluindo aquelas com sistema radicular profundo (raiz tipo pivotante), terraços distanciados conforme rotação utilizada: R1 = 18m, R2 = 14m, ou R3 = 21m
	9	Plantio direto, com plantas de cobertura em cultivo mínimo, uso de cultura densa semipermanente por um ciclo a cada 3 anos, terraços distanciados conforme rotação utilizada: R1 = 32 m, R2 = 25 m ou R3 = 33 m
	10	Plantio direto, com plantas de cobertura em cultivo mínimo e incluindo aquelas com sistema radicular profundo (raiz tipo pivotante), uso de cultura semi-permanente por um ciclo a cada 3 anos, terraços distanciados conforme rotação utilizada: R1 = 18 m, R2 = 14 m ou R3 = 11 m

(...continua)

(continuação da Tabela 23)

P	**11**	Drenagem do perfil, subsolagem, uso de espécies tolerantes a baixos níveis de O_2
	12	Obras de drenagem com eventual regularização do terreno, eventual necessidade de subsolagem, uso de espécies tolerantes a baixos níveis de O_2
	13	Drenagem superficial, implantação sob preparo reduzido do solo, escarificação do terreno, inicialmente com cordões vegetais em contorno, uso de espécies tolerantes a níveis moderados de O_2
	14	Drenagem superficial, implantação sob preparo reduzido do solo, cordões vegetais em contorno, uso de espécies tolerantes a níveis moderados de O_2, canais escoadouros vegetados distanciados em 290 m
	15	Implantação em sulcos ou em covas e sobre solo não revolvido, cordões vegetais ou de pedras em contorno uso de espécies tolerantes a déficits hídricos, canais escoadouros vegetados distanciados em 230 m
	16	Implantação em sulcos ou em covas e sobre o solo não revolvido, uso de espécies tolerantes a níveis moderados de O_2, cordões vegetais ou de pedras em contorno, canais escoadouros vegetados distanciados em 125 m
	17	Idem 15, mas com canais escoadouros vegetados distanciados em 50 m
F/S	**18**	S = plantio em talhões e em nível, inicialmente com cordões vegetais em contorno, limpeza através de roçadas, corte alternados dos talhões F = plantio em nível e em covas de tamanho adequado à profundidade dos solos e às espécies, cordões vegetais em contorno, limpeza da coroa e manutenção da mesma com cobertura morta, vegetação permanente e roçada nos demais locais
	19	F e S = idem 18, mas utilizando espécie com sistemas radiculares adaptados à profundidade dos solos e menos exigentes em água, para espécies frutíferas não tolerantes a déficits hídricos: uso da irrigação
S	**20**	Uso de espécies menos exigentes de água, plantio em covas em área roçada, limpeza através de roçadas, cortes individuais programados
	21	Idem 20, mas utilizando espécies tolerantes à drenagem moderada do perfil
Pi	---	Construção de açudes em refúgios inatingíveis por enxurradas ou com estes riscos eliminados por obras contenção, uso de espécies adaptadas
R	---	Preservação permanente

Observações referentes à Tabela 23:

a) Recomendações gerais:
- corrigir a fertilidade do solo com base nas recomendações indicadas por laudos expedidos por laboratórios de análises de solos;
- construir canais escoadouros vegetados na cabeceira dos cultivos, exceto naqueles situados nos topos das elevações;
- fazer rotação de culturas;
- demarcar os caminhos sempre que possível em nível, devendo os mesmos ser invariavelmente vegetados e com margens protegidas por cordões de vegetação ou de pedras;
- construir terraços de base estreita, em desnível e vegetados, desaguando em canais escoadouros vegetados;
- não queimar restos vegetais, mantendo-os como cobertura ou semi-incorporá-los;
- manter o solo com maior índice de cobertura possível;
- as pastagens deverão ter o pastoreio controlado de forma a manter o solo perfeita e permanentemente coberto, sendo importante o uso de espécies tolerantes a geadas.

b) Classes de aptidão:
H = horticultura; C = culturas anuais; P = pastagem; F = fruticultura; S = silvicultura; Pi = piscicultura e R = preservação permanente.
(1) cana-de-açúcar ou capineiras
(2) rotações utilizadas:
R1 = feijão safrinha - cobertura de inverno - fumo
R2 = feijão safrinha - cobertura de inverno - fumo - cobertura de verão - milho
R3 = feijão safrinha - cobertura de inverno - milho - cobertura de inverno - mandioca - fumo

c) Só sistemas de cultivo convencional e mínimo constam no quadro-guia devido a que, nas situações estudadas, são os sistemas de cultivo que mantêm as perdas de solo dentro dos limites de tolerância admitidos. Isto não implica que o plantio direto não possa ser adotado.

d) Cultivo convencional implica uso do arado e grade para o preparo do solo; plantio direto admite somente abertura de um pequeno sulco (5 cm de largura) para a colocação das sementes ou mudas e cultivo mínimo compreende práticas de preparo do solo intermediárias a estas, incluindo gradagem leve e/ou escarificação.

4 Resultados do estudo de Hesseln (1997) para indicar a aptidão de uso das terras no Assentamento Capela (Nova Santa Rita, RS)

Tabela 24: Quadro-guia estabelecido por Hesseln (1997) para indicar as classes e subclasses de aptidão de uso das terras do Assentamento Capela (Nova Santa Rita, RS)

Declividade (%)	Grau de Degradação	Riscos de Inundação	Drenagem						
			Bem Drenado (h1)		Moderadamente a Imperfeitamente Drenado (h2)			Mal a Muito Mal Drenado (h3)	
			Textura Hor. Superficial / Hor. Subsuperficial						
			m/arg (t1)	ar /m (t2)	m/ arg (t1)	ar /m (t2)	ar /ar (t4)	m/arg (t1)	arg / arg (t3)
0-5 (d1)	Não degradado (e1)	Sem Risco (i1)	C1	C2	--	C6	C7	C9	
		Periód./ Média (i2)		--	C8	--	--	--	C10
		Anual/ Longa (i3)	--	--	--	--	--	--	C11
5-10 (d2)	Não degradado (e1)	Sem Risco (i1)	C3	C4	--	--	--	--	--
10-15 (d3)	Não degradado (e1)		C5	F12	--	--	--	--	--
	Degradado (e2)		--	S14	--	--	--	--	--
> 15 (d4)	Não degradado (e1)		F13	S14	--	--	--	--	--
	Degradado (e2)		S14	R15	--	--	--	--	--

As definições das classes e subclasses de aptidão são mostradas na Tabela 25, a seguir.

Tabela 25: Definição das classes e subclasses de aptidão de uso das terras estabelecidas por Hesseln (1997) para o Assentamento Capela (Nova Santa Rita, RS)

Subclasse de aptidão	Práticas Recomendadas
C1	Suporta cultivo convencional com terraços de base estreita vegetados distanciados conforme rotação utilizada: R1 = 60 m, R2 = 70 e R3 = 80 m. Caso seja utilizada para olericultura com espécies de espaçamento largo como as Cucurbitáceas (melão, melancia, pepino) fazer cobertura vegetada ou morta nas entrelinhas
C2	Preparo reduzido com exceção da R1 em plantio direto, terraços distanciados conforme rotação utilizada: R1 = 20 m, R2 = 25 m, R3 = 30 m. Ao utilizar esta área para olericultura, empregar irrigação por aspersão e matéria orgânica para melhorar as qualidades físicas e químicas
C3	Preparo reduzido com terraços de base estreita vegetados distanciados conforme rotação: R1 = 10 m, R2 = 20 m, R3 = 25 m
C4	Utilização das rotações mais protetoras (R3 e R4) em plantio reduzido ou direto com terraços de base estreita vegetados distanciados conforme rotação; R1 = 40 m e R4 = 50 m
C5	Utilização das rotações mais protetoras (R3 e R4) em plantio reduzido ou direto com terraços de base estreita vegetados distanciados conforme rotação: R3 = 30 e R4 = 40 m
C6	Plantio de espécies tolerantes à flutuação do lençol freático, para olericultura por aspersão e efetuar drenagem, não descuidando da cobertura do solo
C7	Cultivo de espécies tolerantes à flutuação do lençol freático. Para olericultura é indispensável irrigação por aspersão pela baixa retenção de água neste solo e drenagem com drenos fechados com drenos abertos manter os taludes dos valos inclinados para evitar desmoronamentos. Utilizar matéria orgânica para aumentar a CTC dos solos
C8	Arroz irrigado em rotação com culturas de ciclo curto, como olerícolas e pastagens com espécies e/ou cultivares adaptados solos encharcados
C9	Arroz irrigado em rotação com pastagens adaptadas, semeadas a lanço e posterior pisoteio do gado, logo após a colheita do arroz, sem preparo do solo. Esta unidade também se presta para olericultura necessitando para isso drenagem e espécies de ciclo rápido
C10	Arroz irrigado em rotação com pastagem nativa ou vegetação espontânea para biomassa. Também pode ser utilizado para olericultura de ciclo curto, necessitando para isso drenagem superficial (camalhões) levando em conta o alto risco de inundação
C11	Arroz irrigado sem rotação em função do alto risco de inundação
F12	Espécies, cultivares e/ou porta-enxertos sem restrição ao desenvolvimento das raízes, plantio em nível e em covas de tamanho adequado à profundidade do solo, limpeza da coroa e manutenção da mesma com cobertura morta, vegetação permanente e roçada nos demais locais, com terraços de base estreita vegetados distanciados 40 m
F13	Espécies, cultivares e/ou porta-enxertos com restrição ao desenvolvimento das raízes, recuperação da área com adubos verdes antes do plantio, plantio em nível entre terraços de base estreita com cordões vegetados espaçados 40 m, limpeza da coroa e manutenção da mesma com cobertura morta, vegetação permanente e roçada nos demais locais
S14	Plantio em talhões e em nível com terraços de base estreita, inicialmente com cordões vegetados em contorno, limpeza através de roçadas corte alternado dos talhões. Em caso de haver danos causados por erosão corrigi-los antes de implantar o reflorestamento
R15	Preservação permanente

Observações referentes à Tabela 25:

Classes de aptidão:
C - culturas anuais, **F** - fruticultura, **S** - silvicultura, **R** - preservação permanente.

Rotações:
R1 - mandioca - vica/aveia - milho - vica/ aveia - mandioca (2 anos)
R2 - milho - aliáceas (cebola, alho) - feijão - aveia/vica - milho (2 anos)
R3 - milho - vica/aveia - batata-doce - feijão miúdo - cucurbitáceas (melão, melancia pepino) brassicáceas (brócolos, repolho etc...) - milho (2 anos)
R4 - cana-de-açúcar (2 anos)
Fruticultura: principalmente citros, recomendado pelo Zoneamento Agroclimático do Rio Grande do Sul para esta região

Recomendações gerais:
Em função da baixa fertilidade natural e da textura de média à arenosa nos solos bem drenados e sem riscos de inundação fazem-se necessárias as seguintes recomendações gerais:

- cultivo reduzido ou plantio direto utilizando como cultura de cobertura em sucessão aveia preta, trevos, guandu, caupi, mucuna-preta, feijão de porco, mesmo que o solo suporte uso mais intensivo;
- os caminhos devem ser construídos sempre que possível em nível, protegendo-se as margens com cordões vegetados;
- os canais escoadouros dos terraços devem ser vegetados;
- manter o solo com maior cobertura possível;
- para manter culturas produtivas e que os adubos vedes contribuam com grande massa é necessário a melhora da fertilidade dos solos usando como base os laudos das análises de solos feitos em laboratórios feitos em laboratórios credenciados;
- fazer rotação de culturas procurando-se alternar grupos de cultivo segundo o grau de proteção que oferecem contra erosão;
- a olericultura pode ser implantada em todas as áreas aptas para a culturas anuais, observando-se, no entanto, a necessidade de irrigação da maioria destas culturas, o que poderia inviabilizar esta prática em algumas glebas situadas em cotas altas.
- a intensidade de uso agrícola reduz da classe C para a classe R e a intensidade e complexidades das práticas de manejo e conservação aumenta da subclasse 1 para a 15.

ComTexto
editoração e revisão
www.comtextoeditoracao.com.br

Esta obra foi composta em Tahoma, 11,5/15, por ComTexto Editoração e Revisão para Agrolivros e impressa na Editora Evangraf. Guaíba, julho de 2007.